配电网故障定位技术

PEIDIANWANG GUZHANG DINGWEI JISHU

《配电网故障定位技术》编委会　编

中国电力出版社
CHINA ELECTRIC POWER PRESS

内 容 提 要

本书基于 PMU 故障辨识定位相关技术应用成果，结合工程案例相关实际数据，在着重阐明配电网故障辨识定位的相关概念、基本理论和计算方法的基础上，对结合 PMU 应用方面也做了适当解释。全书共 8 章，主要内容包括概述、配电网典型网架及装备原则、PMU 配电网故障定位技术发展情况、配电网常见故障定位技术及原理、微型同步相量测量技术及原理、基于 μPMU 量测数据的故障定位技术与改进、基于 CML 的配电网同步相量测量新算法的研究及仿真分析和 CML 法基准相的优化及系统频率测量。

本书既可作为电力系统配电网规划设计、建设、运维等专业人员的学习用书，也可作为高等院校相关师生的参考用书。

图书在版编目（CIP）数据

配电网故障定位技术 /《配电网故障定位技术》编委会编 . —北京：中国电力出版社，2021.12
（2024.9 重印）

ISBN 978-7-5198-5624-3

Ⅰ．①配… Ⅱ．①配… Ⅲ．①配电系统—故障诊断 Ⅳ．① TM727

中国版本图书馆 CIP 数据核字（2020）第 084800 号

出版发行：中国电力出版社
地　　址：北京市东城区北京站西街 19 号（邮政编码 100005）
网　　址：http://www.cepp.sgcc.com.cn
责任编辑：邓慧都（010-63412636）
责任校对：黄　蓓　王海南
装帧设计：张俊霞
责任印制：石　雷

印　　刷：北京天泽润科贸有限公司
版　　次：2021 年 12 月第一版
印　　次：2024 年 9 月北京第二次印刷
开　　本：787 毫米 ×1092 毫米　16 开本
印　　张：11.75
字　　数：195 千字
定　　价：52.00 元

编委会

前　言

　　本书基于 PMU 故障辨识定位相关技术应用成果，结合了工程案例相关实际性数据，在着重阐明配电网故障辨识定位的相关概念、基本理论和计算方法的基础上，对结合 PMU 应用方面也做了适当介绍。全书共 8 章，主要内容包括概述、配电网典型网架及装备原则、PMU 配电网故障定位技术发展情况、配电网常见故障定位技术及原理、微型同步相量测量技术及原理、基于 μPMU 量测数据的故障定位技术与改进、基于 CML 的配电网同步相量测量新算法的研究及仿真分析和 CML 法基准相的优化及系统频率测量。

　　本书承蒙李江教授仔细审阅，并提出了许多宝贵意见，这是使本书内容、质量得以提高的重要保障。许多同行也对本书的编写工作提供了热情支持和帮助，在此一并致以衷心感谢！

　　限于编者的水平，错误和欠妥之处在所难免，恳请读者和使用本书的同行批评指正。

编者

2021 年 2 月

目录　C O N T E N T S

第 1 章

概述

1.1.1 配电网构成

配电网是指从输电网或地区发电厂接受电能，通过配电设施就地分配或按电压逐级分配给各类用户的电力网。配电网是由架空线路、电缆、杆塔、配电变压器、隔离开关、无功补偿器及一些附属设施等组成的，在电力网中起重要分配电能作用的网络。

将电力系统中从降压配电变电站（高压配电变电站）出口到用户端的这一段系统称为配电系统。配电系统是由多种配电设备（或元件）和配电设施所组成的变换电压和直接向终端用户分配电能的一个电力网络系统。从配电网性质角度来看，配电网设备还包括变电站的配电装置。

配电网一般采用闭环设计、开环运行，其结构呈辐射状。采用闭环结构是了提高运行的灵活性和供电可靠性；开环运行一方面是为了限制短路故障电流，防止断路器超出遮断容量发生爆炸，另一方面是控制故障波及范围，避免故障停电范围扩大。配电网具有电压等级多、网络结构复杂、设备类型多样、作业点多面广、安全环境相对较差等特点，因此配电网的安全风险因素也相对较多。另外，由于配电网的功能是为各类用户提供电力能源，这就对配网的安全可靠运行提出更高要求。

配电线路导线线径比输电线路的小，且"主线段与分歧线"以及"上、下相邻线路"导线型号规格差异大，导致配电线的线路短路阻抗角 ϕ 较小，即 R/X 较大。不仅使得在输电网中所采用的潮流计算常规算法难以在配网潮流计算时得到收敛，还会因不同点故障的短路阻抗角不一致，对保护动作灵敏度和可靠性产生一定影响。

1.1.2 配电网电压等级

电网电压等级一般可划分为：特高压（1000kV 交流及以上和 ±800kV 直流）、超高压（330kV 及以上至 1000kV 以下）、高压（35 ~ 220kV）、中压（6 ~ 20kV）、低压（0.4kV）五类。我国配电系统的电压等级，根据 Q/GDW 156—2006《城市电力网规划设计导则》的规定，35、63、110kV 为高压配电系统；6 ~ 10kV（20kV）为中压配电系统；220（380）V 为低压配电系统。于是，配电网的分类如下。

（1）按电压等级分类，配电网可分为高压配电网（6 ~ 110kV）、低压配电配电网

（0.4kV）。

（2）按供电区域分类，配电网可分为城市配电网、农村配电网、工厂配电网。

（3）按电网功能分类，配电网可分为主网（66kV 及以上）；配电网（35kV 及以下）。

66（110）kV 电网的主要作用是连接区域高压（220kV 及以上）电网。35kV 及以下配网的主要作用是为各个配电站和各类用户提供电源。10kV 及以上电压等级的高压用户直接由供电（农电）变电站高压配电装置以及高压用户专用线提供电源。

配电网规划是指在分析和研究未来负荷增长情况以及城市配电网现状的基础上，设计一套系统扩建和改造的计划。在尽可能满足未来用户容量和电能质量的情况下，对可能的各种接线形式、不同的线路数和不同的导线截面积，以运行经济性为指标，选择最优或次优方案作为规划改造方案，使电力公司及其有关部门获得最大利益的过程。

配电网规划的主要内容包括负荷预测、变电站优化、配电网网架优化、配电网潮流计算、正常和故障状态下的可靠性分析等。

配电网规划是配电网发展和改造的总体计划。包括近期（1~5 年）、中期（6~15 年）和远期（16~30 年）规划。规划制订的顺序是从长期开始，依次为中期规划和近期规划。远期规划属于战略规划，它主要决策城市电网发展的重大问题和发展方向（如建立新的电压等级、确定新的城市电网电源点、论证规划末期的城市需电量以及城市可能发生的改造和扩展方向），为中期和近期规划制定目标。中期和近期规划属于战役规划，主要为远期规划的任务和目标如何实施确定时间表。远期规划要求中期和近期的城市电网建设和改造是远期电网发展目标的一部分，保证近期和远期投入的设备在规划期间不会发生拆除的现象。一般是以长期规划指导中期和近期规划，以中期、近期规划落实和调整长期规划。配电网规划的流程如下：

（1）原始资料的收集准备。配电设施从负荷密度大的大城市到负荷密度小的乡村，其对象广、数量多，而且是多样化的。因此，必须掌握各种配电地区的特性及将来经济结构的变化趋势。

（2）确定可能的配电规划方案。在整个电力系统中，按地区从满足长期供电需要出发，并考虑经济等因素。确定各可行方案。

（3）对可行方案进行评价，对各可行方案的供电能力、供电可靠性、供电电压的要求及对未来发展和对环境的适应性进行详细的积极性评价。

（4）确定最佳配电网规划方案。配电网基本情况的数据有线路数、总长度、传送容量、传输距离、绝缘状态、开关数、导线情况等。配电网存在的主要问题有如下 7 方面：

1）现存配电网能否满足负荷发展的需要；

2）绝缘老化程度如何；

3）导线线径是否过细，有无"瓶颈"线路存在；

4）各线路供电可靠指标高低；

5）线路中开关的数量、投入时间、运行中发生过哪些故障；

6）线路损失率指标高低；

7）线路维修情况。

在配电网规划时要考虑规划区的经济地位，规划区在经济发展中的地位对配电网的规划任务有着重要的影响。规划区是否为工业开发区、商业中心、经济作物区、旅游区、农业开发区、科技中心区等，对规划区负荷的发展、供电可靠性的要求必将有所不同，也会影响规划的电网等级和规模。

1.1.3　变电容载比

变电容载比是某一电压等级电网的可供变电容量在满足供电可靠性基础上与对应的最高负荷之比值，是核算电网供电能力和电网规划宏观控制变电容量的重要指标。容载比过大，表示可供容量过多，反映建设变配电工程过多提前，使电网建设成本过早投入，电网建设早期投资增大；容载比过小，可供容量过小则不足，将使电网适应性变差，发生调度困难，甚至引起限电现象。Q/GDW 10738—2020《配电网规划设计技术导则》（简称《导则》）35～110kV 电压等级的变电容载比取值范围做了明确的规定，总体宜控制在 1.5～2.0。在当前激烈竞争的电力市场环境下，对广大地区级电网的 10kV 中压配电网，尤其是城乡结合配电网，规划期的目标容量究竟放在什么水平上，其容载比如何合理确定，这是地区电网规划中迫切需要解决与研究的课题。某一电压等级的变电容载比直接反映该地区该电压等级电网的建设规模水平。地区电网建设规模的影响因素众多，突出影响因素，淡化次要因素，客观、全面地确定好主要影响因素具有特别重要的意义。根据分析不同地区反映配电网建设规模的有关技术数据和统计资料，考虑地区配电网建设规模和建设资金的因素繁多，有国民经济、社会发展、地理环境、气候条件等，本书从负荷密度、负荷特性、国民经济与社会发展、区域自然特点及建设环境等关键方面出发，通过实际项目的数据统计和分析，选取用电量、最大用电负荷、城镇化率、GDP，用电构成（包括一产业、二产业、三产业、居民生活用电）、总人口数、人均可支配收入等作为主要影响因素。变电容载比是规划设计电网的供电能力的一个重要指标，直接反映电网建设规模水平，在电网规划设计中主要是根据历年统计资料和电网结构形式确定合理的容载比。

传统计算中只简单地考虑按负荷发展速度增长率，在实际地区电网中，发展储备系数不仅与负荷发展水平有关，还与当地的社会经济发展、负荷特性、电网发展的要求等因素有密切的关系，要根据本地区经济结构、用电结构、发展速度、负荷增长情况，来合理确定其取值。本书将各个影响因素考虑到其取值中，这样变电容载比能与各个影响因素联系起来，更准确地反映实际电网建设规模。对于负荷水平和电网建设发展比较不平衡的地区，计算其中压变电容载比，尚可把电网分成若干片区后分别计算出片区电网的容载比，最后根据各个片区供电负荷的重要性程度给出个权重，最后得到总的变电容载比。平均发展速度增长率是反映各个影响因素现象在时间上的变化及变化趋势的基本指标。采用综合法来研究计算影响电网建设规模因素的平均发展速度增长率，它具有计算简便，准确度高的特点，同时还适合不完全资料计算平均发展速度增长率的独到之处。

1.1.4 配电网中性点接地方式

1. 中性点不同接地方式的比较

（1）中性点不接地方式。即中性点对地绝缘，结构简单，运行方便，不需任何附加设备，投资少，适用于农村 10kV 架空线路长的辐射形或树状形的供电网络。该接地方式在运行中，若发生单相接地故障，流过故障点的电流仅为电网对地的电容电流，其值很小，需装设绝缘监察装置，以便及时发现单相接地故障，迅速处理，避免故障发展为两相短路，而造成停电事故。中性点不接地系统发生单相接地故障时，其接地电流很小，若是瞬时故障，一般能自动消弧，非故障相电压升高不大，不会破坏系统的对称性，可带故障连续供电 2h，从而获得排除故障时间，相对地提高了供电的可靠性。

（2）中性点经消弧线圈接地方式。采用中性点经消弧线圈接地方式，即在中性点和大地之间接入一个电感消弧线圈。作用是为解决中性点不接地系统单相接地电流大，电弧不能熄灭的问题。在系统发生单相接地故障时，利用消弧线圈的电感电流对接地电容电流进行补偿，使流过接地点的电流减小到能自行熄弧范围。其特点是线路发生单相接地时，按规程规定电网可带单相接地故障运行 2h。对于中压电网，因接地电流得到补偿，单相接地故障并不发展为相间故障，因此中性点经消弧线圈接地方式的供电可靠性，大大地高于中性点经小电阻接地方式。消弧线圈的电感电流对接地电容电流的补偿方式分为全补偿、欠补偿、过补偿。全补偿和欠补偿存在串联谐振过电压问题，因而过补偿得到广泛采用。

（3）中性点经电阻接地方式。即中性点与大地之间接入一定阻值的电阻。该电阻与系统对地电容构成并联回路，由于电阻是耗能元件，也是电容电荷释放元件和谐振的阻压元件，对防止谐振过电压和间歇性电弧接地过电压，有一定优越性。在中性点经电阻接地方式中，一般选择电阻的阻值较小，在系统单相接地时，控制流过接地点的电流在 500A 左右，也有的控制在 100A 左右，通过流过接地点的电流来启动零序保护动作，切除故障线路。

2. 自动跟踪补偿消弧线圈

自动跟踪补偿消弧线圈按改变电感方法的不同，大致可分为调匝式、调气隙式、调容式、调直流偏磁式、可控硅调节式等。

（1）调匝式自动跟踪补偿消弧线圈。调匝式消弧线圈是将绕组按不同的匝数抽出分接头，用有载分接开关进行切换，改变接入的匝数，从而改变电感量。调匝式因调节速度慢，只能工作在预调谐方式，为保证较小的残流，必须在谐振点附近运行。

（2）调气隙式自动跟踪补偿消弧线圈。调气隙式电感是将铁芯分成上下两部分，下部分铁芯同线圈固定在框架上，上部分铁芯用电动机，通过调节气隙的大小达到改变电抗值的目的。它能够自动跟踪无级连续可调，安全可靠。其缺点是振动和噪声比较大，在结构设计中应采取措施控制噪声。这类装置也可以将接地变压器和可调电感共箱，使结构更为紧凑。

（3）调容式消弧补偿装置。通过调节消弧线圈二次侧电容量大小来调节消弧线圈的电感电流，二次绕组连接电容调节柜，当二次电容全部断开时，主绕组感抗最小，电感电流最大。二次绕组有电容接入后，根据阻抗折算原理，相当于主绕组两端并接了相同功率、阻抗为 K2 倍的电容，使主绕组感抗增大，电感电流减小，因此通过调节二次电容的容量即可控制主绕组的感抗及电感电流的大小。电容器的内部或外部装有限流线圈，以限制合闸涌流。电容器内部还装有放电电阻。

（4）调直流偏磁式自动跟踪补偿消弧线圈。在交流工作线圈内布置一个铁芯磁化段，通过改变铁芯磁化段磁路上的直流励磁磁通大小来调节交流等值磁导，实现电感连续可调。直流励磁绕组采取反串连接方式，使整个绕组上感应的工频电压相互抵消。通过对三相全控整流电路输出电流的闭环调节，实现消弧线圈励磁电流的控制，利用微机的数据处理能力，对这类消弧线圈伏安特性上固有的不大的非线性实施动态校正。

（5）可控硅调节式自动跟踪补偿消弧线圈。该消弧系统主要由高短路阻抗变压器式消弧线圈和控制器组成，同时采用小电流接地选线装置为配套设备，变压器的一次绕组作为工作绕组接入配电网中性点，二次绕组作为控制绕组由 2 个反向连接的可控硅短路，可控硅的导通角由触发控制器控制，调节可控硅的导通角由 0°～180°变化，使可控硅的等效阻抗在无穷大至零之间变化，输出的补偿电流就可在零至额定值之间得到连续无级调节。可控硅工作在与电感串联的无电容电路中，其工况既无反峰电压的威胁，又无电流突变的冲击，因此可靠性得到保障。

3. 中性点接地方式的选择

（1）配电网中性点采用传统的小电流接地方式。配电网采用小电流接地方式应按DL/T 620—1997《交流电气装置的过电压保护和绝缘配合》要求执行，对架空线路电容电流在 10A 以下可以采用不接地方式，而大于 10A 时，应采用消弧线圈接地方式。采用消弧线圈时应按要求调整好，使中性点位移电压不超过相电压的 15%，残余电流不宜超过 10A。消弧线圈宜保持过补偿运行。

（2）配电网中性点经低电阻接地。对电缆为主的系统可以选择较低的绝缘水平，以利节约投资。但是对以架空线为主的配电网因单相接地而引起的跳闸次数则会大大增加。对以电缆为主的配电网，其电容电流达到 150A 以上，故障电流水平为 400～1000A，可以采用这种低电阻接地方式。采用这种接地方式时，对中性点接地电阻的动热稳定应给予充分的重视，以保证运行的安全可靠。

（3）配电网采用自动跟踪补偿装置。随着城市配电网的迅速发展，电缆大量增多，电容电流达到 300A 以上，由于运行方式经常变化，特别是电容电流变化的范围比较大，手动的消弧线圈已很难适应要求，采用自动快速跟踪补偿的消弧线圈，并配合可靠的自动选线跳闸装置，可以将电容电流补偿到残流很小，使瞬时性接地故障自动消除而不影响供电。而对于系统中永久性的接地故障，一方面通过消弧系统的补偿来降低接地点电流，防止发生多相短路；另一方面，通过选线装置正确选出接地线路并在设定的时间内跳闸，避免了系统设备长时间承受工频过压。因此，该接地方式综合了传统消弧线圈接地方式跳闸率低、接地故障电流小的优点和小电阻接地方式对系统绝缘水平要求低、容易选出接地故障线路的优点，是比较合理和很有发展前景的中性点接地方式。

1.1.5 配电自动化

配电自动化是指以配电网一次网架和设备为基础，综合利用计算机、信息及通信等技术，并通过与相关应用系统的信息集成，实现对配电网的监测、控制和快速故障隔离，为配电管理系统提供实时数据支撑。通过快速故障处理，提高供电可靠性；通过优化运行方式，改善供电质量、提升电网运营效率和效益。

在 20 世纪 50 年代以前，英、美、日等发达国家开始用人工方式进行操作和控制配电变电站及线路开关设备。20 世纪 50 年代初期，时限顺序送电装置得到应用，该装置用于自动隔离故障区间，加快查找馈线故障地点。20 世纪 70~80 年代，电子及自动控制技术得到发展，西方国家提出了配电自动化系统的概念，各种配电自动化设备相继被开发和应用，如智能化自动重合器、自动分段器及故障指示器等，实现了局部馈线自动化。

20 世纪 80 年代，进入了系统监控自动化阶段，实现了包括远程监控、故障自动隔离及恢复供电、电压调控、负荷管理等实时功能在内的配电自动化技术，但也由于计算机技术的限制，当时的配电自动化系统多限于单项自动化系统。

20 世纪 80 年代后期至 90 年代，进入了配电网监控与管理综合自动发展阶段，配电自动化受到广泛关注，地理信息系统技术有了很大的发展，开始应用于配电网的管理，形成了离线的自动绘图及设备管理系统、停电管理系统等，并逐步解决了管理的离线信息与实时 SCADA/DA 系统的集成问题。在一些发达国家，出现了涉及配电自动化领域的系统设备厂家及其各具特色的配电自动化产品。

进入 21 世纪以来，随着计算机技术的迅猛发展，欧美等发达国家提出了高级配电自动化及智能化电网的概念，把配电自动化提升到了一个新的高度。新技术的发展要求配电网具有互动化、信息化、自动化特征，同时具备接纳大量分布式能源的能力，配电网开始向智能化方向发展。

配电自动化主要分为简易型、实用型、标准型、集成型、智能型 5 种类型。

（1）简易型和实用型配电自动化只适用于配电网结构比较简单，自动化要求不高，投资相对较低，功能相对比较简单的场合，在智能配电网中没有太大的使用价值。

（2）标准型配电自动化系统具备主站控制的 FA 功能，初步具备智能化的特点。它对通信系统要求较高，一般需要采用可靠、高效的通信手段，配电一次网架应该比较完善且相关的配电设备具备电动操动机构和受控功能。该类型系统的主站具备完整的 SCADA 功能和 FA 功能。另外，标准型配电自动化与上级调度自动化系统和配电 GIS 应用系统要实现互联，以获得丰富的配电数据，建立完整的配网模型，可以支持基于全网拓扑的配电应用功能。标准型配电自动化主要为配网调度服务，同时兼顾配电生产和运行管理部门的应用。

（3）集成型是在标准型的基础上，通过信息交换总线或综合数据平台技术将企业里各个与配电相关的系统实现互联，最大可能地整合配电信息、外延业务流程、扩展和丰富配电自动化系统的应用功能，全面支持配电调度、生产、运行以及用电营销等业务的闭环管理，同时也为供电企业的安全和经济指标的综合分析以及辅助决策提供服务。

（4）智能型配电自动化系统是在传统配电自动化系统基础上，扩展对于分布式电源、微网以及储能装置等设备的接入功能，实现智能自愈的馈线自动化功能以及与智能用电系统的互动功能，并具有与输电网的协同调度功能以及多能源互补的智能能量管理分析软件功能。

配电自动化的基本功能可分为运行自动化功能和管理自动化功能。数据采集与监控、故障自动隔离及恢复供电、高压及无功管理、负荷管理、自动读表等，称为配电运行自动化功能；设备管理、检修管理、停电管理、规划及设计管理、用电管理等，称为配电管理自动化功能。

1. 配电运行自动化功能

（1）数据采集与监控。数据采集与监控又称为 SCADA，是远动"四遥"（遥测、遥信、遥控、遥调）功能的深化和扩展，使调度员能够从主站系统计算机界面上，实时监视配电网设备运行状态，并进行远程操作和调节。SCADA 是配电自动化的基础功能。

（2）故障自动隔离及恢复供电。国内外中压配电网广泛采用"手拉手"环网供电方式，并利用分段开关将线路分段。在线路发生永久故障后，该功能自动定位线路故障点，断开故障点两侧的分段开关，隔离故障区段，恢复非故障线路的供电，以缩小故障停电范围，加快故障抢修速度，减少停电时间，提高供电可靠性。

（3）高压及无功管理。该功能通过高级应用软件对配电网的无功进行全局优化，自动调整变压器分接头挡位，控制无功补偿设备的投切，以保证供电电压合格、线损最小。由于配电网结构很复杂，并且不可能收集到完整的在线及离线数据，实际上很难做到真正意义上的无功分布优化，因而更多的是采用现场自动装置，以某控制点（通常是补偿设备接入点）的电压及功率因数为控制参数，就地调整变压器分接头挡位、投切无功补偿电容器。

（4）负荷管理。该功能监视用户电力负荷状态，并利用降压减载、对用户可控负荷周期性投切、故障情况下拉闸限电三种控制方式削峰、填谷、错峰，改变系统负荷曲线的形状，以提高电力设备利用率，降低供电成本。

传统的负荷管理主要是供电企业控制用户的负荷，而在需求侧管理下，供电企业不再是单方面的管理用户负荷，而是调动需方积极性，根据用户不同用电设备的特性、用电量并结合天气情况及建筑物的供暖特性，依据市场化的电价机制，如分时电价、论质电价等，对用户负荷及其经营的分布式发电资源进行直接或间接控制，供需双方共同进行供电管理，以节约电力、降低供电成本、推迟电源投资、减少电费支出，形成双赢局面。

（5）自动读表。自动读表是通过通信网络，读取远方用户电能表的有关数据，并对数据进行存储、统计及分析，生成所需报表和曲线，支持分时电价的实施，并加强对用户用电的管理和服务。

2. 配电管理自动化功能

（1）设备管理。配电网包括大量的设备，遍布于整个供电区域，传统的人工管理方式与不能满足日常管理工作的需求。设备管理功能在地理信息系统平台上，应用自动绘图工具，以地理图形为背景绘出并可分层显示网络接线、用户位置、配电设备及属性数据等，支持设备档案的计算机检索、调阅，并可查询、统计某区域内设备数量、负荷、用电量等。

（2）检修管理。该功能在设备档案管理的基础上，制订科学的检修计划，对检修工作票、倒闸操作票、检修过程进行计算机管理，提高检修水平和工作效率。

（3）停电管理。该功能对故障停电、用户电话投诉以及计划停电处理过程进行计算机管理，能够减少停电范围，缩短停电时间，提高用电服务质量。

（4）规划及设计管理。配电自动化系统对配电网规划所需的地理、经济、负荷等数据进行集中存储、管理，并提供负荷预测、网络拓扑分析、短路电流计算等，不仅可以加速配电网设计过程，而且还可使最终得到的设计方案经济、高效、低耗。

（5）用电管理。该功能对用户信息及其用电申请、电费缴纳等进行计算机管理，提高业务处理效率及服务质量。

配电自动化作为智能配电网发展的重要组成部分，是提高供电可靠性、提升优质服务水平以及提高配电网精益化管理水平的重要手段，是配电网现代化、智能化发展的必然趋势。建设配电自动化系统具有以下主要意义。

（1）提升配电网的运行水平与供电可靠性。在正常运行工况下，通过对配电线路及设备的实时监控，优化运行方式，解决配电网"盲调"的现状；在事故情况下。通过系统的故障查询及定位功能，快速查出故障区段及异常情况，实现故障区段的快速隔离及非故障区段的恢复送电，尽量减少停电面积和缩短停电时间，提升配电网的供电可靠性。

（2）提升配电网电能质量水平。配电自动化系统能够实现对配电网方式进行灵活调整，从而消除线路负荷畸重与畸轻同时存在的现象，进而提高用户电压合格率，提高电能质量。

（3）为配电网规划及技术改造提供基础数据。配电自动化系统能够记录并积累配电网运行的实际数据，为配电网的规划和技术改造提供依据。

（4）提升对分布式光伏等新能源的消纳能力。分布式光伏等新能源接入的电压等级一般为10kV和380V，属于配电自动化系统管理的范畴，通过配电自动化对分布式电源的实时监视，可实现分布式发电与电网的协调运行控制，最大程度避免分布式发电接入对电网运行的不利影响，提升对分布式光伏等新能源的消纳能力。

（5）提高企业劳动生产率。通过配电自动化手段，大大减轻了过去繁杂的现场巡视、检查、操作等工作，减轻了工作人员统计、记录、查找、分析等劳动强度，快速完成业务报表、供电方案等日常工作，大幅度提高工作效率，实现供电企业的减人增效，提高了供电企业的生产效率。

（6）提高供电企业服务水平。配电自动化系统实现了配电网故障的快速定位、排除、线路切换、负荷转带等正常操作的时间也大为缩短，极大地减少用户的停电时间，从而切实提高供电可靠率，提高了客户供电服务水平。

配电动化的规划和实施应符合下列规定。

（1）配电自动化规划应根据城市电网发展及运行管理需要，按照因地制宜、分层分区管理的原则制定。

（2）配电自动化的建设应遵循统筹兼顾、统一规划、优化设计、局部试点、远近结合、分步进行的原则实施；配电自动化应为建设智能配电网创造条件。

（3）配电自动化的功能应与城市电网一次系统相协调，方案和设备选择应遵循经济、实用的原则，注重其性价比，并在配电网架结构相对稳定、设备可靠、一次系统具有一定的支持能力的基础上实施。

（4）配电自动化的实施方案应根据应用需求、发展水平和可靠性要求的不同分别采用集中、分层、就地自动控制的方式。

1.1.6 配电网供电方式

供电方式是指供电企业向申请用电的用户提供的电源特性、类型及管理关系的总称，包括供电频率、供电电压等级、供电容量、供电电源相数和数量、供电可靠性、计量方式、供电类别等。供电方式包括主供电源、备用电源、保安电源的供电方式以及委托转供电等。在我国，供电频率为交流50Hz，供电额定电压为，低压单相220V、三相380V，高压供电，10、35（63）、110、220、330、500kV；除了发电厂直配电压3、6kV外，其他等级的电压应逐步过渡到上列额定电压。供电企业对于距离发电厂较近的用户，可考虑以直接方式供电。用电方需要备用保安电源时，供电方按其负荷性质、容量及供电的可能性，与用户协商确定。对基建工地、农田水利、市政建设等临时用电或其他临时性用电，可供给临时电源。供电人在其公用设施未达到的地区，可通过委托方式委托用户就近供电，但不得委托重要的国防、军工用户向外转供电。应根据用户用电申请的容量、用电性质和用电地点，供电部门以保证安全、经济、合理的要求出发，以国家有关电力建设，合理用电等方面的政策，电网发展规划及当地可能的供电条件为依据。供电方式涉及电网发展、供电可靠性、供配电工程费的收取，用电分类和计量装置的配置等。

供电方式直接关系到电网的发展，因此确定供电方式时，应结合电网发展规划，从保证用电的安全、经济、合理出发与用户协商确定。确定供电方式应依据下述原则：

（1）国家有关电力建设、合理用电等方面的政策。

（2）电网的发展规划。

（3）用电的性质、容量和地点。

（4）当地的供电条件。

配电网供电方式分类按电压分有高压供电和低压供电；按电源分有单相和三相供电；按电源数量分有单电源和多电源供电；按供电回路分有单回路和多回路供电；按用电期限分有临时用电和长期用电；按计量方式有高供高计与高供低计、非装表供电和装表供电；按管理关系分有直接供电户、转供户；按线路产权分有专线与公用线供电等。

1.2 配电网故障定位的意义

1.2.1 背景

智能电网成为电网技术发展的必然趋势和社会经济发展的必然选择。作为智能电网的重要组成部分，智能配电网是推动智能电网发展的源头和动力，也是智能电网建设的关键技术领域。配电网故障定位技术的研究是保证智能配电网安全可靠运行的一项基础性工作，具有重要的现实意义。

一般配电系统电压等级为 6～66 kV，网络结构复杂，线路分支多，中性点接地方式多样，相对于传统的输电网故障定位技术，配电网故障定位技术的概念更为宽泛，实现上也更为复杂。

长期以来，国内外学者对配电网故障定位技术进行了大量的理论和实验研究，这些研究工作主要包括 3 个方面：①故障选线，识别判断母线多条出线中的故障线路，以便采取措施防止故障扩大，重点在于小电流接地配电网发生单相接地故障时的选线；②区段定位，确定故障点所在故障区段，以便隔离故障并恢复非故障区域的供电；③故障测距，即直接定位出故障位置，避免人工巡查故障点。3 个方面的研究本质上均为定位故障，但各自对故障定位的要求不同，目的也有所差异，实现难度上逐渐增加。故障选线已有大量的工业产品应用于现场，但在可靠性与灵敏性方面仍需加强；区段定位有部分产品进入应用阶段，尚不成熟，且小电流接地配电网单相接地故障时的区段定位仍面临诸多问题；配电网故障测距属于前瞻性研究，在配电网中产品应用较少，需要在算法原理和信号采集上开展更加深入和系统的研究。

采用中性点有效接地方式的配电网，故障特征明显，其故障定位技术主要解决网络结构复杂、线路分支多带来的问题；而采用中性点非有效接地方式的配电网（国内主要指中性点不接地和经消弧线圈接地，为小电流接地方式）中，还需解决故障电流微弱的单相接地故障自动定位问题。

1.2.2 故障选线

故障选线的研究重点是小电流接地配电网发生单相接地故障时故障线路的识别判断，此时故障电流微弱，经消弧线圈接地方式下更是如此。为了确定故障线路，传统的方法是通过检测母线上零序电压的数值来判断是否发生单相接地故障，若发生接地故障，则采用人工逐条线路拉闸的方式选线，此种方法会使正常线路瞬间停电，易产生操作过电压和谐振过电压，且增加了事故的危险性和设备的负担，严重限制了小电流接地方式，特别是经消弧线圈接地方式的应用与发展。因此，长期以来，国内外学者对于故障自动选线装置开展了大量的研究工作，提出了多种不同原理的故障选线方法。这些方法按照其利用信息的不同大致分为两类：一是基于外加注入信号的故障选线方法；二是利用单相接地故障时的电气量变化特征进行故障选线，其又可分为基于故障稳态分量的故障选线法、基于故障暂态分量的故障选线法和综合选线方法。

1. 基于外加注入信号的故障选线

基于外加注入信号的故障选线主要有 S 信号注入法和脉冲注入法等。S 信号注入法的原理是通过母线电压互感器向接地线的接地相注入 S 信号电流，其频率处于 n 次谐波与 $n+1$ 次谐波的频率之间，一般选择 220 Hz，然后利用专用的信号电流探测器查找故障线路。脉冲注入法的原理与 S 信号注入法相似，但其注入信号是周期间歇性的，频率更低且可控。总体而言，基于外加注入信号的故障选线方法需配置专用的注入信号源和辅助检测装置，投资成本高，且注入信号的强度受电压互感器容量限制。同时选线可靠性受导线分布电容、接地电阻等因素的影响较大，如果接地点存在间歇性电弧，注入的信号在线路中将不连续且信号特征将被破坏，给检测带来困难。

2. 基于故障时的电气量变化特征的故障选线

（1）基于故障稳态分量的故障选线方法有：零序电流幅值法、零序电流比相法、零序电流群体比幅比相法、零序无功功率方向法。上述方法只适用于中性点不接地系统，对于中性点经消弧线圈接地系统则存在适用性问题。为克服此缺点，提出了零序电流有功分量或有功功率法、DESIR法、5次谐波法、各次谐波综合法、零序导纳法、残流增量法、负序电流法等。

总体而言，基于故障稳态分量的故障选线方法存在的主要问题是，当故障点电弧不稳定，特别在间歇性接地故障时，由于没有稳定的稳态信息，因此选线可靠性不高。此外，当采用消弧线圈接地方式时，经补偿后的稳态故障电流值很小，难以满足实际应用要求。

（2）基于故障暂态分量的故障选线方法可以克服稳态分量选线法的灵敏度低、受消弧线圈影响大、间歇性接地故障时可靠性差等缺点，该方法的实施关键是暂态特征分量的提取和选线判据的建立。基于故障暂态分量的故障选线方法主要有2种。

1）首半波法。利用接地故障暂态电流与暂态电压首半波相位相反的特点进行故障选线。为提高可靠性，通常分析暂态量在一定频段即所选频带内的相频特性，此时极性相反的特性将保持一段更长的时间。

2）小波法。利用合适的小波和小波基对暂态零序电流进行小波变换。根据故障线路上暂态电流某分量的幅值包络线高于健全线路的幅值包络线，且两者极性相反的关系等特征选择故障线路。

由于暂态信号受过渡电阻、故障时刻等多种因素影响，暂态信号呈随机性、局部性和非平稳性特点，有可能出现暂态过程不明显的情况，此时暂态分量方法选线的可靠性与灵敏性将会受到一定的影响。

（3）综合选线方法同时利用故障稳态和暂态信息进行故障选线，主要有如下几种方法。

1）能量法。定义线路零序电压与零序电流乘积的积分为能量函数，则故障前所有线路的能量为零，故障后故障线路的能量恒小于零，健全线路的能量恒大于零，且故障线路能量幅值等于所有健全线路能量幅值和消弧线圈能量幅值之和，据此可选出故障线路。由于故障电流中有功分量所占比例较小，且积分函数易累积一些固定误差，限制了其检测灵敏度的提高。

2）基于信息融合技术的选线方法。小电流接地系统单相接地故障情况复杂，单一的选线判据往往不能覆盖所有的接地工况。此种方法多运用智能控制理论来构造每种选线方法的适用域，以实现多种选线方法的综合和判据最优化。

3. 研究的难点和建议

（1）尽管已有大量故障选线方法被提出并应用到现场，但实际效果并不理想，究其原因，难点在于以下 3 个方面。

1）故障特征不明显。小电流接地系统单相接地时故障稳态电流微弱，故障暂态信号虽然幅值比稳态信号大，但持续时间短。

2）不稳定故障电弧的影响。现场的单相接地故障中，对于弧光接地，特别是间歇性电弧接地，没有一个稳定的接地电流（包括注入的电流）信号。

3）随机因素的影响。我国配电网运行方式多样，变电站出线长度和数量频繁改变。

（2）针对以上难点并综合已有研究成果，故障选线技术应主要从以下方面展开深入研究。

1）理论与实际的结合。深入研究小电流接地系统单相接地故障产生的原因、发展过程及各种环境因素的影响，特别是绝缘丧失、树木倒塌等引起的弧光间歇接地下的稳态和暂态过程，为提高故障选线方法的灵敏性及可靠性提供理论基础与实践经验。

2）多判据的信息融合选线。深入研究每种选线方法的有效域，利用信息融合技术实现多种方法的综合与判据最优化，发挥各选线方法的互补性，提高选线准确性。

3）现代信号处理技术的引入。现代信号处理技术如小波分析、Prong 算法、希尔伯特—黄变换、S 变换、数学形态学、卡尔曼滤波、分形理论等的提出与应用，将提高对微弱故障信号的辨识及特征提取能力。

4）微弱故障信号的采集。故障信号的精确可靠采集是选线技术的基础，特别是经消弧线圈接地系统单相接地时故障信息的采集。

1.2.3 区段定位

区段定位是为了及时准确地定位故障区段，以便隔离故障区域并尽快恢复非故障区域供电，对于提高供电可靠性具有重要意义。虽然采用重合器和分段器相互配合的方式能够达到目的，但这种方法开关设备配合困难，对开关性能要求高，适用于结构相对简单、运行方式相对固定的配电网络，且多次重合对设备及系统冲击大。因此，新的区段定位方法被提出并应用于现场，这些方法中，故障特征明显的情况下，研究主要集中在判断准确、快速且具有高容错性的定位算法上，故障特征微弱的情况（小电流接地方式单相接地故障）下，还需研究解决故障识别判断的方法。

1. 区段定位算法

区段定位算法的目的是使定位判断更准确、快速且具有更高的容错性，国内外学者提出了多种不同原理的区段定位方法，按照其利用信息的不同大致分为 2 类：基于沿线装设的现场设备馈线终端单元（feeder terminal unit，FTU）或者故障指示器（fault indicator，FI）采集的故障实时信息，实现故障区段定位功能；利用电力用户打来的故障投诉电话（trouble call，TC），同时根据相关信息，如用户电话号码、用户代码与终端配电变压器连接的资料、地理信息和设备信息等，最终实现故障区段定位。

（1）基于现场设备的区段定位。基于现场设备采集的故障信息的区段定位方法主要有以下 2 种：

1）矩阵法。有文献中提出统一矩阵算法，其基本过程是首先根据配电网的拓扑结构构造一个网络描述矩阵，根据过流信息生成一个故障信息矩阵，由此得出故障判断矩阵，从而准确地判断故障区间。

2）人工智能法。此类方法在网络结构改变、上传的实时信息出现信息畸变或不完备等情况下依然能够准确地定位故障区段，主要有人工神经网络、遗传算法、粗糙集理论、数据挖掘、Petri 网、仿电磁学等算法。

基于现场设备采集故障信息的区段定位方法判断快速、准确，具有一定的信息容错能力。但由于矩阵法采用的故障定位信息仅为区段两端设备的过流信息，信息容错能力较弱，而以人工智能为基础的定位方法存在模型构建相对复杂、定位效率不高以及模型不够完善等缺点。

（2）基于故障投诉电话的区段定位。基于现场设备采集的故障信息的区段定位方法投资较大，需要高质量的通信通道与大量的现场设备。一般只在负荷密集地区采用此种方法。对于不满足条件的地区，可通过故障投诉电话定位故障区段，主要有以下 5 种方法。

1）人工神经网络。利用人工神经网络的模式识别能力对故障投诉电话进行分析来定位故障区段。

2）专家系统。其通过专家知识库及推理来模拟人类专家进行区段定位。

3）模糊集。使用模糊集理论，按照隶属度函数确定各个设备隶属于故障的隶属度，找到隶属度大于某个阈值的可开断设备，从而定位故障区段。

4）粗糙集理论。利用粗糙集方法对故障定位决策表进行化简并导出区段定位的最小约简形式，从而快速准确地进行定位。

5）贝叶斯算法。利用贝叶斯不精确推理方法排除故障投诉中错误信息的不利影响，从而实现区段的高效定位。

2. 故障识别判断

故障特征微弱情况（小电流接地方式单相接地故障）下，为使现场设备能够采集并上传故障信息，区段定位还需解决好现场设备对故障的识别判断问题。此时可借鉴故障选线的诸多方法，但为便于现场实现，故障识别判断算法应尽量基于本地信息。提出的方法有基于注入法，稳态量方法中的残流增量法、零序电流相位法、故障电阻测量法、负序电流法、谐波法，暂态量方法中的小波法等。基于注入法在发生接地故障时，向故障线路发出具有明显特征的电流信号，现场设备对检测到的电流信号解码，判断是否为信号源注入的特征电流信号以确定故障区段。残流增量法在故障发生后调节消弧线圈的补偿电流，利用调节前后现场设备或移动式设备测量到的零序电流变化量信息确定故障区段。零序电流相位法一般利用零序电流与电压在故障路径与非故障路径的不同，通过磁场检测及现代通信等技术定位故障区段。故障电阻测量法通过测量接地故障电阻来保护高阻接地，可用于现场设备的故障识别判断以进行区段定位。以上方法面临的问题在故障选线中已多有讨论，不再赘述。

3. 研究的难点和建议

区段定位已有部分产品应用于现场，但尚不成熟，其难点在于故障特征微弱、不稳定故障电弧以及随机因素的干扰给现场设备对故障的识别判断带来诸多问题；配电网接线方式复杂、结构改变频繁等给区段定位算法带来了适用性等问题；现场设备上传的故障信息出现信息畸变时造成的定位问题。

针对以上难点并综合已有研究成果，区段定位技术应主要从以下方面展开深入研究。

（1）借鉴故障选线技术，研究小电流接地方式单相接地故障时，现场设备对故障的识别判断方法，应尽量基于本地信息，必要时可使用本线路相邻现场设备的信息，但应尽量避免使用其他线路上的现场设备信息。

（2）融合矩阵法和各智能算法，提高区段定位的综合性能。矩阵法和各智能算法有各自的优缺点，将它们有选择地组合运用，有望在故障区段判断准确迅速的前提下具备较高的容错能力。

（3）结合基于现场设备采集的故障信息和基于故障投诉电话的区段定位方法，提高定位的容错能力、适用范围等。基于现场设备采集的故障信息区段定位方法对通信通道及现场设备要求高，在硬件设施不充分的情况下，可结合基于故障投诉电话的区段定位方法定位故障区段。

（4）研究适应分布式电源接入下的配电网区段定位方法。随着智能电网的发展，配电网中分布式电源的比重将逐步增加，故障情况下的电流分布将发生变化，对故障区段定位方法提出了新的要求。

1.2.4　故障测距

配电网故障测距是为了迅速准确地定位故障位置，避免人工巡查故障点，对及时修复线路和保证可靠供电、保证系统的安全稳定和经济运行都有重要作用。现有的故障测距方法中，对于故障特征明显的情况，研究主要集中于解决多分支下基于有限测量点的精确定位问题；对于故障特征微弱的情况，测距中基于故障稳态量方法将基本失效，研究主要集中于暂态量方法和注入法测距等。

1. 注入法故障测距

注入法是在系统故障后通过电压互感器等向系统注入某种特殊信号，利用检测到的信号定位故障位置，主要有 S 注入法、单端注入行波法、端口故障诊断法和加信传递函数法等。S 注入法是利用故障时暂时闲置的电压互感器注入特殊信号，通过寻踪注入的信号定位故障的准确位置。单端注入行波法是在线路始端注入检测信号，通过注入信号时刻与故障点返回信号时刻的时差来确定故障位置，同时从录波波形中分析提取线路特殊点的特殊波形，分析出正常情况和故障情况下的网络拓扑结构，从而判定故障分支。

只有 S 注入法测距有部分产品应用，总体而言，注入法测距需配置专用注入信号源和辅助检测装置，投资成本高，且注入信号的强度受电压互感器容量限制，测距精度受导线分布电容、接地电阻等因素的影响较大，如果接地点存在间歇性电弧，注入的信号在线路中将不连续且信号特征将被破坏，给测距带来困难。

2. 基于故障稳态量测距

基于故障稳态量的测距法主要针对故障特征明显情况下的测距。其基本原理是先假设故障前后负荷电流没有变化，由此得出故障电流，然后结合待分析配电网独有的特性，如多分支、不对称线路、不平衡运行及时变的负荷，迭代计算出故障实际位置。这种方法受路径阻抗、终端负荷和电源参数等因素影响较大，且不适用于小电流接地配电网单相接地故障时的测距，因此国内研究较少。

3. 基于故障暂态量测距

基于故障暂态量的测距法主要指以测量故障产生的行波为基础的行波测距法。基于行波的故障测距受电流互感器饱和、故障电阻、故障类型及系统运行方式影响小，定位精度高，在输电网故障测距获得了成功的应用。近年来，大量的研究工作集中于行波在配电网中应用的可能性。有文献分析了单相接地故障时的行波传输特性；也有文献论证了利用配电变压器传波行波的可行性并给出了利用故障初始电流、电压行波线模分量实现配电线路双端故障测距的方法。

总体而言，基于故障暂态量的测距法适用范围广、测距精度高，对实现配电网故障测距具有重要研究意义，但需在信号获取、有限测量点定位故障位置和复杂结构下定位算法适用性等实用化方向展开深入研究。

4. 研究的难点和建议

配电网的故障测距属于前瞻性研究，仍处于理论研究阶段。多分支的配电网故障测距对测量误差及伪根的识别要求更高，故障信号微弱下的故障测距更是难点，同时从实用方面考虑，配电网故障测距需提供易大面积推广的低成本故障测距技术。针对以上难点并综合已有研究成果，提出了 3 点建议：基于故障暂态量的行波测距法定位精确，且能适应小电流接地单相接地故障情况，满足智能电网的发展需求；行波测距法应研究有限测量点下的配电网精确定位技术，需重点研究利用暂态数据的突变点（波头）、频率值、零模线模时间差等特征量进行故障测距；需研究配电网暂态数据的获取方式，考虑各种抗干扰措施以适应现场故障随机与多变的特性（如间歇性接地等）的实用化测距方案。

1.2.5 展望

对于配电网故障定位技术而言：故障选线技术相对较成熟，但仍需在实际应用中提高其可靠性及灵敏性；适用于故障特征明显时的区段定位算法研究较多，但仍需在容错性、适用性等方面进一步研究，故障特征微弱时的区段定位是难点；故障测距属于前瞻性研究，需在算法及信号获取上开展更加广泛而深入的研究；状态监测技术可用于配电网的故障自动定位，也可以用于高压电缆用分布式光纤传感检测系统即可用于电缆故障定位；由于配电网自身特点，配电网故障自动定位技术中的故障选线与继电保护功能相似，一般也可称为接地保护，区段定位与配电系统自动化技术结合紧密，是馈线自动化实施的基础；现有配电网故障自动定位技术往往脱离实际配电网结构来讨论，需研究放射式与树型、拉手式与环式等各自结构特性对区段定位和故障测距带来的影响；随着分布式电源的接入，需研究其对配电网故障自动定位技术的影响；在配电网系统中，还需特别针对架空线路与电力电缆混合线路的故障定位技术展开研究。

第 2 章

配电网典型网架及装备原则

2.1　配电网规划技术原则

按照《导则》，结合地区总体规划合理划分供电区域类别，制订合适的规划目标和技术原则，因地制宜地开展配电网规划和建设改造。供电区域分为市中心区、市区、城镇、农村四个区域。

（1）市中心区：指市区内人口密集以及行政、经济、商业、交通集中的地区。

（2）市区：城市的建成区及规划区，远郊区（或由县改区的）仅包括区政府所在地、经济开发区、产业聚集区范围。

（3）城镇：市辖供电区范围内远郊区。县级供电区范围内县（县级市）城区（含建成区和规划区），产业集聚区。

（4）农村：以农业产业（指自然经济和第一产业）为主的地区，含县级供电区范围内乡、镇地区。

市中心区、市区、城镇、农村四个供电区域的划分不交叉、不重叠。

配电网规划应与经济社会发展规划有机衔接。规划区域的规划标准划分为 A＋、A、B、C、D、E 六类，每类规划标准应满足相应的规划目标和建设标准。

A＋类标准：直辖市市中心城区或省会城市、计划单列市核心区；A 类标准：用于对供电可靠性要求很高的政治或经济中心区，以及高新科技工业园区；B 类标准：用于对供电可靠性要求较高的生产生活集中区和一般工业园区；C 类标准：用于对供电可靠性有一定要求的生产生活相对集中区；D 类标准：用于农业经济活动区；E 类标准：农牧区。

2.2　规划目标

根据负荷预测，并结合配电网的现状，对不同类别的供电区类型分别提出配电网的线损率、供电可靠率、电压质量等主要技术经济指标，以及"一户一表率""农村居民户通电率"等社会性指标，在规划期内所应达到的目标。阐述规划期内重点解决的问题。为便于实现远近结合，通过远近目标指导近期规划建设，配电网发展目标也可在先提出远景目标的基础上，给出规划期内应达到的目标。

就县域不同的供电区常划分为 C、D 两类：产业集聚区，产业园及县政府所在的县城区分为 C 类供电区。其他 20 个乡镇均划分为 D 类供电区。

基于县域电网现状，着重解决当前电网存在的网架布置不合理，电源点薄弱、低压台区供电半径长、配变过负荷等问题，对电网进行建设改造，适应农村电气化建设发展的需要。城网逐步取消 35kV 电压等级。农网县城区和工业聚集区限制并逐步取消 35kV 电压等级，重要乡镇和农业区可采用 35kV 供电。

2.3　高压配电网规划技术原则

2.3.1　高压配电网结构

高压配电网结构是高压配电网规划设计的主体。根据现状电网情况，结合地区发展规划，确定不同类别供电区推荐的典型接线形式，给出相应接线示意图。同一地区、同一电压等级、同类供电区的网络结线方式应尽量减少并标准化。

2.3.2　线路

供电线路型号和路径选择是电网规划的重要组成部分。以地区功能定位和总体规划为基础，以电网发展现状和变电站规划的位置为依据，确定线路的敷设方式以及不同型号线路的导线截面。

高压配电线路可采用架空线路和电缆线路。对于市政规定和有特殊需求，必须采用电缆线路敷设方式时，应遵照国家电网公司、省电力公司有关规定执行。

高压配电架空线路的选型应符合下述要求：

（1）高压架空配电线路导线宜采用钢芯铝绞线、耐热铝合金导线。在负荷较大的区域宜采用大截面积或耐热导线。

（2）在满足技术条件的情况下，利用现有杆塔改造架空线路可采用同截面的耐热合金导线，或者其他新型导线。

高压配电电缆线路的设计应符合下述要求：

（1）110、35kV 电缆宜优先选用交联聚乙烯绝缘铜芯电缆。

（2）电缆敷设方式包括直埋敷设、沟槽敷设、排管敷设、隧道敷设等。应根据电压等级、最终敷设电缆的数量、施工条件及初期投资等因素确定。根据城市规划，在有条件情况下，经技术经济比较可采用与其他地下设施共用通道敷设。

2.3.3 变电站

根据负荷水平和负荷分布情况，兼顾电网结构的调整要求和建设条件，确定不同类别供电区高压配电网变电站的建设标准，包括主变压器电压比、主变压器类型（是否为有载调压）、主变压器容量、主变压器数量、进出线回路数以及变电站的主接线型式、布置方式等。

1. 主变压器电压变比

高压配电主变压器电压变比供电区域划分市辖供电区县城区（含建成及规划区）、产业集聚区、农村主变压器电压变比 110 ± 8 × 1.25%/10.5（11）kV、110 ± 8 × 1.25%/10.5（11）kV、110 ± 8 × 1.25%/10.5（11）kV 或 110 ± 8 × 1.25%/38.5 ± 2 × 2.5%/10.5（11）kV、110 ± 8 × 1.25%/38.5 ± 2 × 2.5%/10.5（11）kV、38.5 ± 2 × 2.5%/10.5kV 县级供电区城镇。

注：对于产业集聚区内有 35kV 直供用户的可采用 110/35/10kV 的三卷变压器。

2. 主变压器类型

110kV 变压器宜采用油浸式、低损耗、三相两绕组或三绕组、有载调压电力变压器，冷却方式宜采用自冷式。

35kV 变压器宜采用低损耗、三相两绕组、有载调压电力变压器。

3. 主变压器规模

不同供电区域变电站最终容量配置推荐表如表所示。

4. 变电站出线回路数

不同供电区域变电站最终出线回路数推荐表供电区域划分市辖供电区 110kV 变电站出线规模 110kV：一般 2~4 回，有电厂接入或转供其他用户等情况下可增加至 6 或 8 回。10kV：36 回（3 × 63MVA）、30 回（3 × 50MVA）110kV：4、6 回 10kV：30 回（3 × 50）县城区 110kV：4、6 回 110kV 变产业集聚区 35kV：≤6 回县级供电区电站 10kV：36 回（3 × 63MVA）、30 回（3 × 50MVA）农村 110kV：2、4 回 35kV：6 回 10kV：24 回（3 × 50MVA）、18 回（3 × 40MVA）35kV：一般 2 回，枢纽变电站可按 4 回设计；10kV：8~10 回；县级供电区 35kV 变电站。

注：产业集聚区内有 35kV 直供用户的可考虑有 35kV 出线，且 35kV 出线均为用户专线。

5. 变电站主接线型式 110kV 变电站

110kV 侧：中间变电站宜采用单母线断路器分段接线；终端变电站应尽量简化接线，3 台主变压器 3 回进线时宜采用线路 – 变压器单元接线或桥（宜采用内桥）加线路 – 变压器组接线（适用于网络接线中的"πT"结合形式），3 台主变压器 2 回进线时宜采用扩大桥（宜采用内桥）接线；有电厂接入的 110kV 变电站，其 110kV 电气主接线应结合具体情况综合考虑。10kV 侧：市辖供电区域的宜采用单母线四分段接线；县级供电区域的宜采用单母线三分段接线，对于县城区和产业集聚区的可采用单母线四分段接线。

6. 变电站布置方式

某市辖供电区的××新区采用全户内变电站布置；该市辖供电区的其他地区（不含××新区）采用全户内或半户外变电站布置；五县级供电区的城镇区域采用半户外或全户外变电站布置，农村区域采用全户外变电站布置。

7. 其他原则

（1）同一变电站中同一级电压的主变压器应该满足变压器并列运行条件。

（2）当变电站内变压器的台数和容量达到规定的台数和容量以后，如负荷继续增长，一般应采用增建新的变电站的方式提高电网供电能力，而不宜采用在原变电站内继续扩建增容的措施。

（3）变电站均应预留中性点接地设备的安装位置。

（4）变电站站址的选择应根据电源布局、负荷分布、网络结构、分层分区的原则统筹考虑、统一规划，并应根据节约土地、降低工程造价的原则征用土地。

（5）变电站建筑物设计应与环境相协调，符合安全、经济、美观、节约占地的原则。

2.3.4　容载比

合理的容载比有利于构建安全、可靠的供电网络，提高电网对负荷增长的适应能力。根据地区负荷增长的速度和电网建设发展时期，确定不同类型地区容载比的取值范围。为提高投资效益，原则上在满足用电需求和可靠性要求的前提下，应逐步降低容载比取值。

2.4 中压配电网

2.4.1 中压配电网结构

根据分区负荷预测及负荷转供能力的需要，确定不同类别供电区中压配电网结构，给出典型结构接线示意图。

供电区域汴西新区市辖供电区市区（不含汴西新区）市辖供电区城镇县级供电区城镇农村接线方式电缆：双环网、单环网、n供一备（$n \leqslant 4$）架空：三分段三联络、"手拉手"环网架空网："手拉手"环网、三分段三联络电缆网：双环网、单环网架空网："手拉手"环网电缆网：单环网架空网："手拉手"环网电缆网：单环网架空网："手拉手"环网、单辐射。

注：上述各区域中压配电网主干网络接线方式按照推荐的先后顺序列出。

中压配电网网络接线方式如下：

1. 中压架空线路网络 "手拉手" 环网结构

如下图所示。采用此类接线方式时，应确保线路负载率在50%及以下。如果负载率增加，应在联络线路中间插入新的电源点。

"手拉手"环网结构（架空线）"三分段三联络"结构。

"三分段三联络"结构是在开封市辖供电区的负荷密度较大、新的电源点插入困难、配电自动化实现的情况下，可由"手拉手"接线向"三分段三联络"的接线方式转化。分段点的设置可根据网络接线及负荷变化相应变动。中压架空网三分段三联络接线

2. 中压电缆网络结构单环网结构

组成环网的电源应分别来自不同的变电站或同一变电站的不同段母线。对于环网接线，每一环网的节点数量不宜过多，由环网节点引出的放射支线不宜超过2级。

（1）双环网结构。在某市辖供电区，当供电可靠性要求很高时，可由四回电缆馈线组成双环网的接线方式。双环网结构

（2）"n供一备"结构（$n \leqslant 4$）。在市辖供电区的××新区高负荷密集地区，电缆网可采用"N供一备"的接线，包括"二供一备""三供一备"及"四供一备"，这种

接线方式主供电缆线路的最高负荷电流可达到该电缆安全载流量的100%，备用电缆线路正常运行方式下不带负荷。中压电缆网"n 供一备"接线（$n=3$）。

2.4.2 线路

1. 中压配电网线路的选择原则

（1）10kV 配电网应有较强的适应性，主变压器容量与 10kV 出线间隔数量及线路导线截面的配合可参考表 2-1 确定，并符合下列规定：

1）中压架空线路通常为铝芯，沿海高盐雾地区可采用铜绞线，A+、A、B、C 类供电区域的中压架空线路宜采用架空绝缘线。

2）表 2-1 中推荐的电缆线路为铜芯，也可采用相同载流量的铝芯电缆。沿海或污秽严重地区，可选用电缆线路。

3）35/10kV 配电化变电站 10kV 出线宜为 2~4 回。

表 2-1 主变容量与 10kV 出线间隔及线路导线截面配合推荐表

110~35kV 主变容量（MVA）	10kV 出线间隔数	10kV 主干线截面（mm²）		10kV 分支线截面（mm²）	
		架空	电缆	架空	电缆
63	12 及以上	240、185	400、300	150、120	240、185
50、40	8~14	240、185、150	400、300、240	150、120、95	240、185、150
31.5	8~12	185、150	300、240	120、95	185、150
20	6~8	150、120	240、185	95、70	150、120
12.5、10、6.3	4~8	150、120、95	—	95、70、50	—
3.15、2	4~8	95、70	—	50	—

（2）在树线矛盾隐患突出、人身触电风险较大的路段，10kV 架空线路应采用绝缘线或加装绝缘护套。

（3）10kV 线路供电距离应满足末端电压质量的要求。在缺少电源站点的地区，当 10kV 架空线路过长，电压质量不能满足要求时，可在线路适当位置加装线路调压器。

2. 中压线路供电半径

中压线路供电半径应满足末端电压质量的要求，某市辖供电区的市区供电区域供电半径不宜超过 3km，市辖供电区的城镇、县级供电区的城镇供电半径不宜超过 5km，县级供电区的农村供电半径不宜超过 15km。

2.4.3 配电变压器

根据实际发展需要，确定配电变压器的选型、容量等。

1. 配电变压器选型

油浸变压器宜选用损耗指标为 S13 型及以上的低损耗、节能型变压器或非晶合金变压器；干式变压器应采用 SCB10 系列以上低损耗低噪声变压器。接线组别为 Dyn11。

独立建筑的配电室一般采用油浸式、全密封型配电变压器；与建筑物贴建或入楼的配电室一般采用干式变压器。

2. 配电变压器容量选择

（1）配电变压器容量宜综合供电安全性、规划计算负荷、最大负荷利用小时数等因素选定，具体选择方式可参照 DL/T 985。

（2）10kV 柱上变压器的配置应符合下列规定：

1）10kV 柱上变压器应按"小容量、密布点、短半径"的原则配置，宜靠近负荷中心。

2）宜选用三相柱上变压器，其绕组联结组别宜选用 Dyn11，且三相均衡接入负荷。对于居民分散居住、单相负荷为主的农村地区可选用单相变压器。

3）不同类型供电区域的 10kV 柱上变压器容量可参考表 2-2 确定。在低电压问题突出的 E 类供电区域，亦可采用 35kV 配电化建设模式，35kV/0.38kV 配电变压器单台容量不宜超过 630kVA。

表 2-2 10kV 柱上变压器容易推荐表

供电区域类型	三相柱上变压器容量（kVA）	单相柱上变压器容量（kVA）
A+、A、B、C	≤400	≤100
D	≤315	≤50
E	≤100	≤30

（3）10kV 配电室的配置应符合下列规定：

1）配电室一般配置双路电源，10kV 侧一般采用环网开关，220/380V 侧为单母线分段接线。变压器绕组联结组别应采用 Dyn11，单台容量不宜超过 800kVA，宜三相均衡接入负荷。

2）配电室一般独立建设。受条件所限必须进楼时，可设置在地下一层，但不应设置在最底层。变压器宜选用干式（非独立式或者建筑物地下配电室应选用干式变压器），采取屏蔽、减振、降噪、防潮措施，并满足防火、防水和防小动物等要求。易涝区域配电室不应设置在地下。

（4）10kV 箱式变电站仅限用于配电室建设改造困难的情况，如架空线路入地改造地区、配电室无法扩容改造的场所，以及施工用电、临时用电等，一般配置单台变压器，变压器绕组联结组别应采用 Dyn11，容量不宜超过 630kVA。

2.4.4　配电室

根据中压配电网负荷发展需要，确定配电室的进出线数、占地面积、配电变压器标准容量系列、装备水平等。

配电室一般配置双路电源、两台变压器，中压侧一般采用环网开关，低压为单母线分段带联络断路器。变压器接线组别一般采用 Dyn11，单台容量不宜超过 800kVA。

2.4.5　开关站

说明开关站（或开闭站）的应用场合，确定开关站的进出线数、占地面积、装备水平等。

（1）位置要求。开关站宜建设在城市道路的路口附近、负荷中心区便于进出线的地方，或建在两座变电站之间，以便加强配电网的联络和提高供电可靠性。其建设应结合配网发展规划、城市发展规划和居民小区建设同步进行。

（2）接线方式要求。开关站的接线方式力求简化、规范，应按无人值班、遥测、遥信、遥控等要求设计，一般采用单母线分段，电源进线一般为 2 回或 4 回，出线为 8 回或 12 回。

2.4.6　环网柜

说明环网柜的应用场合，确定环网柜的接线规模以及开关设备的选型标准等。

（1）环网柜结构一般选用 4 单元或 6 单元。

（2）环网柜的进线柜及联络柜开关可采用断路器或负荷开关。馈线柜开关宜采用断路器，采用数字式保护。

（3）环网柜开关额定电流为630A，额定短路开断电流为25kA。

2.5 低压配电网

2.5.1 低压架空网

（1）低压架空网应有较强的适应性，主干线路应按规划一次建成。

（2）某市辖供电区及县级供电区的城镇低压架空线应采用绝缘导线，县级供电区的农村可采用裸导线。

（3）低压架空线主干线导线截面积选取宜采用240、185、150、120mm²。

（4）低压架空线路宜与10kV共杆架设；若单独架设，电杆不宜低于8m。

2.5.2 低压电缆网

描述低压电缆网的应用范围，确定低压电缆网的导线截面积选择、电缆敷设方式、供电半径、接线形式、供电半径、分区供电方式等方面的规划技术原则。

（1）某市辖供电区及县级供电区的城镇根据需要可采用低压电缆，县级供电区的农村低压主干线不宜采用电缆。

（2）低压电缆可采用排管、沟槽、直埋等敷设方式。穿越道路时，应采用抗压保护管。

（3）低压电缆主干线截面积宜采用240mm²和185mm²。

其他短路电流水平，各电压等级电网短路电流水平不应大于下列数值：

（1）110kV电网：40kA；

（2）35kV电网：25kA；

（3）10kV电网：20kA（25kA）；

（4）10kV电网短路电流水平按20kA控制；对于新城区、规划新区新建的10kV电网，短路电流水平应按25kA控制。新建（含改造）公用10kV配电网及新报装用户短路电流水平应按25kA控制。

2.6 常见配电网故障定位方法

对配电网故障快速、准确的定位，不仅有助于修复线路和保证可靠供电，而且对保证整个电力系统的安全稳定和经济运行都有十分重要的作用。许多学者对配电网的故障定位问题做了大量研究，现阶段故障定位的方法大体可以分为阻抗法、行波法和信号注入法 3 种。阻抗法的故障测距原理是假定线路为均匀传输线，在不同故障类型条件下计算出的故障回路阻抗或电抗与测量点的距离成正比，从而通过计算故障时测量点的阻抗或电抗值除以线路单位阻抗或电抗值得到测量点到故障点的距离。行波法根据行波传输理论，无论是相间短路故障还是单相接地故障，都会产生向线路两端传播的行波信号，利用线路测量端捕捉到的行波信号可以实现各种类型的短路故障的测距，配电网采用在故障发生后由装置发射高压高频或直流脉冲信号，根据高频脉冲装置至故障点往返时间进行定位。信号注入法是在配电网络系统的线路由于一些因素发生故障之后，向发生故障的电网线路系统中注入检测信号，然后通过在可监测点测量特定的检测信号来进行故障定位，大体可以分为 S 信号注入法和脉冲信号注入法等几类。

2.6.1 阻抗法

阻抗法的原理简单，当电网故障发生故障后，故障回路的阻抗值会发生变化，计算得到故障时故障回路的阻抗值，该阻抗值与故障距离成正比，距离越长阻抗值越大，距离越短阻抗值越小。因此，只要知道均匀传输线路的单位阻抗值和故障后的电压电流相量就可以简单的确定故障点的位置。但是该方法容易受电源参数变化和线路负荷阻抗的影响，精度不高。

到目前为止，在输电网中已经出现了很多基于阻抗的故障定位方法，主要分为单端和双端两种算法，相对比较成熟。单端阻抗算法就是基于单端的智能电能表设备量测到的电压电流数据进行故障定位；双端阻抗算法就是基于双端的智能电表设备量测到的电压电流数据进行定位。而在配电网中的应用相对输电网来说还是很成熟，具有一定的发展空间。

2.6.2 行波法

在 20 世纪 50、60 年代，对于行波法的研究就已经开始了。直到 20 世纪末，随着故障录波装置在电网中的面积配置，行波法故障定位技术得到了更快的发展。目前，行波法主要分为A、B、C、D、E、F型等6种方法，如图2-1所示。他们的区别主要是定位类型和使用的特征量不同，其中A、C、E、F 4种类型属于单端测量法，B、D两种类型属于双端测量法。

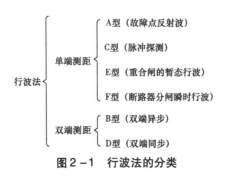

图2-1　行波法的分类

行波在线路波阻抗发生变化的点会发生折反射现象。单端行波法便是利用故障初始行波和经故障点反射回来的波的时间差来计算故障距离。当发生故障时行波会沿着线路向两端同时传输，双端行波法就是在线路两端使用行波识别装置进行行波波头的识别，使用行波到达两端的时间差来计算故障距离。B、C型两种行波方法需要另外装设脉冲和信号发生装置才能进行具体定位，额外投资较大，其中B型需要专门架设通信线路，而C型往线路里注入的信号会受到各种因素的影响，现阶段这两种方法已经被淘汰。而E型行波法具有局限性，不能测量瞬时型短路故障，因此应用面较窄。近些年，A、D型两种行波法的研究成为主流。A型为通常所说的单端行波法，原理简单，仅需在线路一端装设行波检测装置，投资较小。但由于故障初始波、第一次反射行波和对端母线反射的行波等难以区分，这就为测距带来了极大困难。D型为通常说的双端行波法，需要在线路两端均装设行波检测装置，还需 GPS 时间同步设备，这就大大地增加了投资。但是由于不用区分单端法所提的几种行波，使得测距精度较高。

A 型行波法原理如图2-2所示。

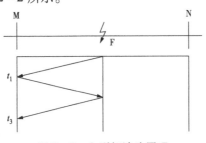

图2-2　A型行波法原理

对于如图 2-2 所示的线路 MN，行波检测装置安装于 M 处，当在线路上 F 点发生故障时会出现行波向 MN 两端传输，当行波第一次到达 M 点时记录时间 t_1，行波再经过在 M 点和 F 点两次反射，第二次到达 M 点时记录时间 t_3。则故障点到 M 点的距离为

$$D_{MF} = \frac{1}{2} v(t_3 - t_1) \tag{2-1}$$

式中：v 为行波传输速度。

由式（2-1）可知，A 型行波法仅需要在线路一端装设行波检测装置对行波进行检测，原理简单，比较经济。但是当网络结构复杂、行波的折反射次数增多时，会难以分辨出故障初始行波和第一次反射行波，从而引起定位失败。在输电网中，由于网络结构简单，故障反射波识别相对容易，A 型行波法可以适用，但是配电网结构复杂，分支较多，具有很多波阻抗不连续的点，便造成了行波的多次折反射，难以识别，使定位失效。因此，A 型行波法主要应用于输电网之中，在配电网中应用较少。

D 型行波法原理如图 2-3 所示。

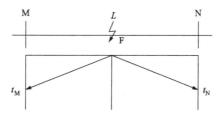

图 2-3　D 型行波法原理

对于如图 2-3 所示的线路 MN，行波检测装置安装于 MN 两端，当线路上 F 点发生故障时，会同时出现向两端传输的行波信号，他们的传输速度相同。当行波信号分别到达 MN 两端时，分别记录到达时刻 t_M 和 t_N，则故障点到 MN 两端的距离为

$$\begin{cases} D_{MF} = \frac{1}{2} [v(t_M - t_N) + L)] \\ D_{NF} = \frac{1}{2} [v(t_N - t_M) + L] \end{cases} \tag{2-2}$$

式中：D_{MF} 为故障点距 M 点的距离；D_{NF} 为故障点距 N 点的距离；L 为线路长度。

由式（2-2）可知，D 型行波法需要在线路两端分别安装行波检测装置对行波信号进行检测，只需要识别第一次到达 MN 的时刻，不需要识别反射波到达的时刻。该方法定位更加准确，但是需要的设备相对 A 型多，投资较大。由于定位需要 MN 两端

的检测数据，两端的测量数据必须同步，才能对故障位置进行精确定位，如果两端数据不同步，则很难实现故障定位。由于 GPS 技术的飞速发展，两端数据的同步问题基本得到解决。因此，在配电网中应用 D 型行波法进行故障定位更具有优势。

2.6.3 注入信号法

当配电网发生故障时，向故障线路注入检测信号，通过跟踪和分析检测信号的路径和特征对故障进行定位，具有定位速度快、设备成本低的优点，在中低压配电网中应用广泛。注入信号法基本原理如图 2 - 4 所示。

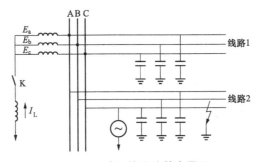

图 2 - 4　注入信号法基本原理

当配电网发生单相接地故障时，线路的零序电流可以通过电压互感器开口三角形绕组进行测量。对于注入的检测信号，线路的对地容抗很大，相比较而言线路的感抗、电源变压器绕组阻抗和接地变压器绕组阻抗很小，可以忽略，因此三相母线可以当做短接状态。以图 2 - 4 为例，在注入检测信号后，等值电路如图 2 - 5 所示。

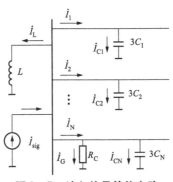

图 2 - 5　注入信号等值电路

R_G —过渡电阻

为了方便分析，将图 2 - 5 中的所有电容支路进行合并，继续简化电路，如图 2 - 6 所示。

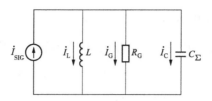

图2-6 注入信号的简化等值电路

由基尔霍夫电流定律和并联分流原理，可以列出图2-6简化等值电路中所有支路电流方程为

$$I_{\text{sig}} = I_L + I_G + I_C$$

$$\begin{cases} I_L = I_{\text{sig}} \dfrac{R_G}{R_G - R_G\omega^2 LC_\Sigma + j\omega L} \\[3mm] I_G = I_{\text{sig}} \dfrac{j\omega L}{R_G - R_G\omega^2 LC_\Sigma + j\omega L} \\[3mm] I_C = I_{\text{sig}} \dfrac{-R_G\omega^2 LC_\Sigma}{R_G - R_G\omega^2 LC_\Sigma + j\omega L} \end{cases} \qquad (2-3)$$

式中：ω 为注入信号的角频率。

考虑到配电网中各种谐波和噪声影响，提高定位的准确性，检测信号的频率取值应为

$$\omega = m\omega_1, \ m \in (N, N+1) \qquad (2-4)$$

式中：N 为配电网正常运行时的角频率，取正整数。

对于图2-6所示的简化等效电路，考虑两种情况进行分析。当该故障为金属性故障时，即过渡电阻 R_G 为零时，由式（2-3）可以看出，I_L 和 I_C 两个电流为零，即检测信号并未流过消弧线圈和对地电容回路，网络中非故障线路的电流均为零，检测信号仅从故障线路流入接地点。当该故障为非金属性接地，即过渡电阻 R_G 不为零时，四个电流的相位关系如图2-7所示。

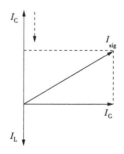

图2-7 各电流信号的相量图

消弧线圈的感抗和分布电容的容抗都是随频率的变化而变化的。检测信号的频率越高消弧线圈的感抗越大，相应的电流越小；分布电容的容抗越小，相应的电流越大。由图2-7可知，当检测信号的幅值保持不变时，过渡电阻分得的电流就越小。因此，为了提高检测的精度，应该降低检测信号的频率，减小对地电容容抗电流的分流作用，使流入接地点过渡电阻的电流变大。在实际电网中，为了减小工频和其谐波对检测信号的影响，检测信号的频率取值范围应该在50Hz的N次谐波和$N+1$次谐波之间。

在配电网实际运行当中，中性点非有效接地网络发生单相接地故障时，大部分故障都是暂时性故障，在故障时击穿绝缘电弧接地，在停电后电弧消失绝缘慢慢恢复，通过上述注入信号法便无法确定故障位置。在上述情况下，可以对接地线加载50Hz的交流高压信号，使故障点绝缘重新击穿，再注入检测信号进行故障定位。为了确保接地点能够再一次被击穿，交流高电压的幅值该比故障前的线路电压更高。交流高压信号等效电路图如图2-8所示。

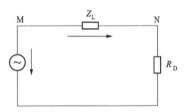

图2-8　交流高压信号等效电路图

在故障接地点再一次被外加交流高压击穿后，注入检测信号，对检测信号进行跟踪分析判断故障点位置。在这种情况下，发生故障的配电网线路中流过的电流可以分解为交流检测信号和恒定直流信号，如图2-9所示。只有确保线路中一直有电流流动才能快速地对检测信号进行跟踪分析，即要求故障线路中的电流不能中断，所以恒定直流I_d应该大于交流检测信号有效值I的$\sqrt{2}$倍。

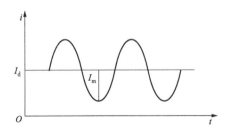

图2-9　恒定直流与交流信号的关系

本章主要阐述了微型同步相量测量单元的基本结构和量测数据形式，并介绍了同步相量的表示方法和测量原理。阐述了现阶段配电网故障定位常用方法，主要包括阻抗法、行波法和注入信号法三大类，并分别对其基本原理和实现方法进行了详细阐述。

第 3 章

PMU配电网故障定位技术发展情况

随着社会经济的蓬勃发展，我国生产生活对电力的需求越来越大，对电力的依赖性也越来越强。当代的居民生活和工业生产对供电的可靠性、电能的质量提出了更高的要求，这加速了电力产业发展与完善。与此同时，电网结构日益复杂和庞大，并使各个地区电网紧密地联系在一起，可以显著地提升电网输送电能的能力，但却让各地区电网之间的相互影响不断增强，在局部某个电网发生故障事故时就会引起与之互联的其他电网产生连锁反应。如果在整个电力系统中某处发生了故障却没有及时得到正确的处理，就极有可能出现各种波及反应，进而让与之互联的系统也出现停电事故，对社会生产生活造成巨大影响。配电网位于电力网络的末端，直接向电力用户输送电能，其可靠性对电力用户体验和供电网络性能有很大的影响。因此，配电网故障的快速排除是电网维护的重要内容。

另外，随着电网规模的日益复杂和庞大，对电网的监控和测量要求也在不断提高。自 1980 年以来，无线网络通信技术不断地发展，GPS 卫星定位对时系统也在不断完善，这些技术的发展为电力系统的同步量测技术的不断发展提供了坚实的基础。20 世纪末，基于 GPS 卫星定位对时系统和无线网络通信技术的电力系统同步量测系统广域量测系统（wide area measurement system，WAMS）在全球范围内陆续建立起来，使得当前电力系统由于规模日益庞大复杂所引出的各种问题得到解决，如动态控制、实时通信、在线检测及远程保护等。在电力系统中，同步相量量测单元（phasor measurement unit，PMU）配置构成的 WAMS，其中 GPS 卫星定位系统为 PMU 提供了系统对时，能够精确地量测电网中各个厂站节点的同步电气量，包括母线节点的电压相量、电力线路的三相电流相量等数据，并实现快速的在线实时通信。按照电力系统的配置规划将 PMU 在电网内部进行配置，在全网范围内形成 WAMS 动态量测子网，实时量测及监测电力系统。

凭借 PMU 优良的动态特性，全网电气量可以通过 WAMS 实现快速的动态量测及通讯，PMU 量测数据为电网的故障识别及定位创造了可能。当电网发生故障时，应用 PMU 量测数据通过人工或系统自动处理，及时快速地实现故障识别和与定位并迅速切除故障，将尽可能地减小电网故障的危害，同时为工作人员的维修工作带来便利，保证了电力系统的安全性和可靠性。

3.1 国内技术研究情况

随着现代电力系统规模的不断扩大，当输电线路因各种因素发生故障时，将对社会经济和人民生活造成严重影响。输电网络在运行时容易发生单相接地故障、两相短路故障、两相接地故障、三相短路故障等各式故障，如果处理不及时，将会对输电网络造成影响，并产生很大的损失。因此，如何快速准确地找出故障位置，并将其快速排除，是保证输电网络安全稳定运行的重要前提。配电网处于电力系统的末端，直接向电力用户输送电能，是电力系统的重要组成部分。配电网发生故障后，快速准确的故障定位有利于迅速隔离故障和恢复供电，减少停电时间，降低运行成本，对配电网安全和可靠性至关重要，这也对故障定位的准确性提出了更高的要求。相对于国外，我国对于 PMU 的研究开展相对较晚，直到 1994 年我国才开始对 PMU 和 WAMS 进行应用和研究。1995 年，在广东天广线试点配置了两台 PMU 装置，成功实现了对同步相角的测量，这意味着我国 PMU 技术已经进入到实际应用阶段。之后两年时间，在黑龙江东部电网开始布置 WAMS 系统，在 2 个主力发电厂和 3 个大型变电站安装 PMU 装置，实现了对 5 个厂站节点和 20 多条高压输电线路的同步监测，为黑龙江东部电网提供了准确的同步数据来源，为系统实现安全稳定运行打下了基础。1997～1999 年，华东电网开展了对同步相量测量的研究，建成了广域动态信息监测分析保护控制系统。

2003 年，国网江苏省电力有限公司、清华大学和北京四方同创相互合作，共同开发出我国第一个具有完全自主知识产权的 WAMS 系统。在 2005 年下半年，江苏电网的WAMS 系统测量并上传了电网发生扰动时的监测数据，对扰动分析提供了关键性的数据支持。到 2014 年初，PMU 在我国已经实现大面积配置，超过 2500 个主网厂站进行了配置，在 39 个省级以上的调度中心建设了 WAMS 主站。

2017 年，国家科技部设立关于 μPMU 研发和应用的国家重点专项，同时对国家电网公司和南方电网公司进行资助，国内几十所知名高校和实力电力设备公司共同参与μPMU 研制、算法开发以及示范工程建设。

现阶段的配电网规模不断扩大，结构日益复杂，对输电网络的影响也日益加深，同步相量测量技术可以为配电网的现阶段问题提供解决途径。而传统的 PMU 由于就有体积庞大，成本高等缺点，无法在配电网中大量配置。因此，适用于配电网的小型化、低成本的 μPMU 装置研制与应用也就越加的迫在眉睫。在刚刚过去的几年，国内学者重点对各种轻型、微型 PMU 装置进行了研究，以期望能在国内配电网中大规模的配置使用，为配电网的安全运行与监测提供各种同步数据。有关文献提出了轻型广域量测系统（WAMS Light）和轻型同步相量测量单元（PMU Light）的概念，设计了一种便携式轻型 PMU，降低了配置成本。构建了覆盖华北电网、东北电网、华中电网、华东电网、西北电网和南方电网的轻型 WAMS 作为系统的监测手段，为传统 WAMS 提供数据补充。已设计出一种成本低、体积小的适用于配电线路大面积配置的新型分布式 PMU 装置，与传统输电网使用的 PMU 相比，对相量算法进行了简化，只保留了电压电流同步测量、电源供电和远程通信等功能。故此处研究了基于此类微型 PMU 量测数据的配电网故障定位的方法。相关研究人员设计了一种部署灵活、人机交互方便、价格低廉的 μPMU 装置，可以实现同步数据测量、本地数据存储和有线数据通信传输等功能。另外，一种基于 FPGA 的同步相量测量装置。采用 FPGA 作为主要的测量控制，可以实现对电压和电流的并行测量，即电流和电压数据可以在同一时间读取。

3.2 国外技术研究情况

20 世纪 80 年代初期，美国 IEEE 成立了一个专门委员会对同步相量测量技术进行研究，这标志着同步相量测量技术的出现。直到 1990 年，美国才研制出世界上第一台可以利用 GPS 进行同步授时进行同步相量测量的 PMU 装置。1992 年，以佛罗里达电力公司为首的多家美国电力公司装设了多台 PMU，开始了多种对系统动态行为的研究。随着通信技术和同步相量测量等核心技术的不断完善与进步，到 1995 年，传统 PMU 才得以工厂化量产，这标志着 PMU 技术发展进入到实用化阶段。直到 21 世纪，WAMS 的概念才被美国提出，由于使用 PMU 装置的对电网进行实时监测，让 WAMS 从暂态数据记录和离线数据分析转化实时在线监测与控制。典型 WAMS 结构如图 3-1 所示。

2003 年，意大利在发生"9·28"大停电事故之后，在国内的几十个重要厂站节点也进行了 PMU 配置，以期实现对本国电力系统实现实时监测，提高系统的稳定性。2004 年，加拿大的魁北克公司建成了包含了 8 个 PMU 装置的 WAMS 系统，通过 PMU 的同步量测数据为电力系统静态稳定器（power system stabilizer，PSS）提供辅助。法国为了防止电网局部故障影响到全网的稳定，也在全国主要高压节点装设了多台 PMU 装置，构建了一个覆盖全网的协调防御控制系统。挪威、瑞典等国家共同建立 WAMS 系

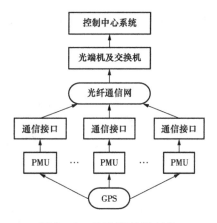

图 3 - 1　典型 WAMS 结构

统实现了信息共享,实现了对电网动态扰动的实时监测与快速响应。日韩两国从 21 世纪初也开始了对 WAMS 的构建,日本对于国内主要高压厂站节点进行 PMU 安装,而韩国则在输电网中建立了二十多个 PMU 装置监测点。

在输电网方面,主要欧美国家都已建成了 WAMS,亚洲国家的 WAMS 发展相对欧美国家稍晚,但也已经开始了 WAMS 的构建。随着 WAMS 技术的不断发展与完善,PMU 已经被广泛应用于输电系统当中,主要实现同步数据测量、暂稳分析、状态估计和故障定位等应用功能,实现输电网络的安全与稳定运行。

在配电网方面,最早开展对可用于配电网的 PMU 装置研究的是美国的刘一卢教授研究团队。团队研制的 FNET 监控系统可以直接在配电网低压侧安装,通过 Internet 网络将实时测量的数据传输到数据中心,实现了频率识别、系统电压分析和故障分析与定位等功能,取得了一些列实用的成果。不过,第一代 FNET 系统仅实现了对系统电压频率的监测没用实现对电流的监测,随着研究的不断深入,新一代的 FNET 系统将会解决上述问题。

德国西门子公司也在很早之前就开展了 μPMU 的研究,给出了对配电网同步测量技术的发展规划,为 PMU 在配电网中的应用给出了一定的发展研究方向。相关研究表明,配电网低压侧的测量数据可以实现对高压侧的各种运行状况进行有效监测。

最近几年,美国加州大学伯克利分校与两个国家重点实验室展开合作,共同开始了 μPMU 的项目研究。他们共同研发的 μPMU 装置在每周期内可以采样 256 个点或者 512 个点,测量误差小于 0.01°。能够对采样信号的电能质量进行分析,满足配电网故障定位数据精度的需求,应用前景非常广阔。研究团队提出了一种 μPMU 装置经过通信网络互相连接后构成的 μPnet 系统，如图 3 - 2 所示。但是该系统至今未实现现场应用。

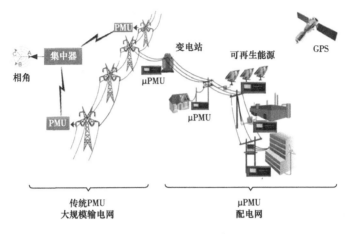

图 3 - 2 　μPnet 系统

3.3　同步相量测量

3.3.1　配电网 μPMU 同步相量测量的背景

　　配电网的节点不断增多，网络结构也变得急剧复杂，线路间的跨越、交叉、分支等现象越来越多。此外，电力电子设备等各种有别于传统电力设备的新型负荷的出现，更加剧了配电网运行特点和网络机构的复杂度。总体来看，配电网规模的增大，复杂度的提高，以及各种分布式能源的并网，给配电网的运行工况带来了巨大挑战。因此，为了适应这些挑战，专一针对配电网的高精度实时监测系统的出现显得尤为迫切。

　　目前，配电管理系统（distribution management system，DMS）对配电网的运行、控制和优化等效果显著，它主要通过其中的监测控制和数据采集（supervisory control and data acquisition，SCADA）系统来为配电网提供实时监测数据。但是，SCADA 系统的数据刷新率较慢且存在较大的时延，各个监测点的数据因没有携带全网同步的统一时标，导致监测点记录的数据只是局部有效，从而无法有效的分析全网的动态行为。因此，有关学者经研究发现，利用配电网各节点的相角将有助于解决配电网实时监测及稳定性分析等问题。但是，当时缺乏精确有效的异地时钟同步方案和技术，人们只能对配电网各节点状态量的幅值和频率作非同步测量，而对状态量的相角却无法做到准确测量。

美国全球定位系统（global position system，GPS）的出现为解决配电网各测量节点的时钟同步问题提供了可行方案。目前，基于 GPS 的广域量测系统（WAMS）在输电网中已得到了广泛应用，且监测效果比较理想。而 WAMS 的核心测量装置就是同步相量量测单元（PMU），其提供的高精度，且带同步时标的电压、电流及频率测量值，为目前电网动态过程的监测提供了基础手段。然而，同步相量测量技术目前还只能被应用在高压输电网中，在低压配电网中还没有过多涉及，其主要受限因素包括：①配电网馈线短，电压电流值小，使得其同步相量测量的精度要求更高，通常是输电网精度要求的十分之一，即小于 $0.1°$；②配电网中的大量负荷、开关、变压器等设备给系统引入了大量噪声，由此引发的谐波失真及各种暂态问题使得测量难度增加；③配电网节点多，对测量装置的数量要求也较输电网多。因此，其成本控制比较严格。为此，美国加州大学伯克利分校在最近几年率先针对配电网开展了为期 3 年的微型同步相量量测装置（micro phasor measurement unit，μPMU）项目的研究，相关研究也证明了μPMU 成本低、安装灵活便捷的特点适于在配电网中广泛布置，有着良好的应用前景。因此，发展和完善配电网同步相量测量技术，研究适合配电网 μPMU 的相量测量算法，不仅对 DMS 意义重大，也有利于调度人员实时监视全网的动态过程，根据运行状态对配电网的运行方式实时做出调整和控制。

3.3.2 配电网 μPMU 同步相量测量的必要性和应用前景

在我国电力系统实际运行中，配电网自动化程度及相应的监测控制技术还没有达到理想状态。由于配电网三相不平衡现象比较严重，重载负荷情况时有发生，非线性负荷也使得配电网谐波存在情况加重。因此，面对结构复杂，情况多变的配电网，需要更加先进的监测手段，高精度的测量数据以及更加廉价的相量测量装置。

配电网的性能决定着其对用户供电的可靠性及供电质量。近年来，针对配电网的发展，国内外专家相继提出了许多新概念，如"配网自动化""自愈配电网""主动配电网""有源配电网"等，并对此展开了相关研究。但是，由于受配电网同步相量测量技术不成熟的限制，目前对配电网状态的实时监测与评估、故障的快速隔离及恢复控制等技术还不成熟，其限制因素包括：①配电网运行状态复杂，负荷和线路类型多样、中性点的接地方式和系统的运行方式变化也较多；②配电网三相不平衡较严重，分支线多，系统因可供量测的节点较少导致其状态监测出现误差，且系统故障后难以快速有效对故障进行隔离；③分布式电源的接入使配网的运行方式呈现动态多电源双向潮流的形式。

因此，针对目前复杂的配电网运行状况，亟待研制一种能够应用于低压配电网的微型同步相量测量装置，而配电网微型同步相量测量装置的核心技术是配电网同步相量测量算法的研究，该研究有利于实现配电网相量的精确测量，对电力系统发、输、变、配、用电部分的整体监测具有重要意义。

同步相量测量的相关研究被称作当今电力系统的三大前沿课题之一，而配电网同步相量测量的研究可以为配电网的监测和保护控制提供统一的支撑平台。配电网 μPMU 提供的各节点的实时状态相量值，对以后配电网的状态估计、故障定位、高阻接地、孤岛及系统振荡检测及实时控制等方面的研究具有重要意义，有着广阔的应用前景。

（1）状态估计。目前配电网络状态估计的难点在于配电网三相不平衡严重、X/R 的比值小、负荷节点多、量测数据少且量测误差大等。配电网同步相量测量的发展可以增加节点量测数据，为解决上述问题提供了方便。例如，基于电报方程可以直接通过同步量测数据来推算出系统节点的电压、电流值，从而有利于提高配电网状态估计的精度。目前，基于量测值的配电网状态估计已经得到了较多学者的关注和研究。

（2）故障定位。配电网故障定位的难点在于配电网分支线较多，使得在故障监测中难以有效区分故障和非故障分支。目前，配电网故障定位的解决方案主要采用基于馈线终端单元（feeder terminal unit，FTU）的配网自动化技术。然而，该技术还面临一些问题，如量测节点多，各节点间量测数据缺乏同步性等。因此，该技术仅能利用故障前或故障后的电流幅值信息。Alstom 公司曾经提出了基于 PMU 量测值的配电网故障定位方案，如图 3-3 所示。该方案首先通过阻抗法来确定候选故障点，然后借助两端 PMU 提供的同步相量量测值分别计算主干线分支点的电压值。当两端计算结果在阈值范围内时，证明故障发生在该段路径范围的下游，否则故障发生在该计算路径范围之内。

（3）高阻接地。高阻接地主要包括架空线和电缆的高阻接地。基于单间隔线路零序电流的谐波检测是目前高阻接地的主要检测方法，其检测系统示意图如图 3-4 所示。

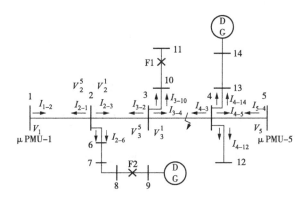

图 3 - 3　基于同步相量测量的配电网故障定位方案示意图

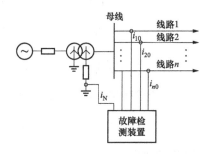

图 3 - 4　配电网横向信息共享高阻故障检测系统示意图

该方法首先通过母线上的支路电流及变压器中性点的电流（电压）值来确定故障方向，然后利用多间隔信息来降低对零序电流互感器的精度要求，从而使得故障电流很小时也能准确判别故障线路。但是，目前仅变电站实现了横向信息共享，而故障对于负荷侧的影响仍然比较严重。配电网同步量测技术的研究和发展将有利于提高高阻故障检测的准确性。

（4）孤岛及系统振荡检测。目前的孤岛检测方法主要包括主动法和被动法，两类方法的核心技术都是基于分布式电源单侧信息进行的测量。当孤岛出力—负荷达到稳定匹配时，以上两类检测方法将失效。此时基于 PMU 的双端检测方法将更具优势，该方法主要借助系统侧的 PMU 量测值来提高终端或分布电源侧的 PMU 孤岛检测精度。图 3 - 5 为意大利的博洛尼亚大学绘制的配电网孤岛检测方案示意图，但该检测方案对通信速率的要求很高。

（5）实时控制。配电网实时控制功能主要包括配网自动化、继电保护、小电流接地选线及低频低压减载控制等。同步相量测量技术对配电网运行方式的计算将从真正意义上推动配电网自适应保护技术的应用与发展。将低频减载技术与同步相量测量技

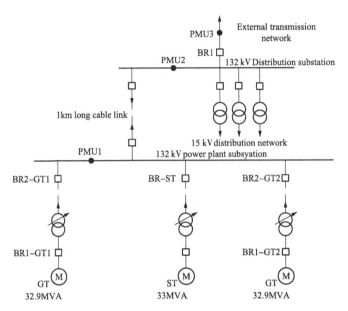

图 3-5　基于同步相量测量的孤岛检测方案

术结合也有助于推动快速需求侧响应技术的发展。图 3-6 为苏格兰的能源公司在北威尔士实施的基于 PMU 功角量测值的风电场有功控制示意图。但是，该系统的控制约束条件只能在离线情况下做分析计算，目前还不能在线对闭环控制实时进行计算。

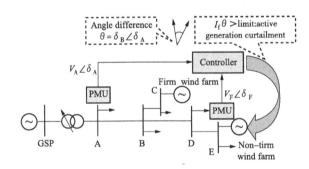

图 3-6　北威尔士地区实施的风电场有功控制示意图

3.3.3　配电网 μPMU 同步相量测量的发展概述

3.3.3.1　国内外研究现状

1. 国外研究现状

美国的 Yilu Liu 教授团队最先开展了配电网同步量测技术方面的相关研究，图 3-7 是该团队研发的广域同步监测网络系统结构示意图。该系统可以安装在用户 220V 侧的墙上，利用墙上的插座对该系统完成供电，从而不间断的实现对电压及频率信号的采集监测，最后通过广域网来实现信息共享。该研究证明，利用低压侧的广域量测信息也可以对系统高压侧的电压和频率动态变化过程进行监视并辨识。但是，该系统目前还不能对电流进行量测，具备电流量测功能的新一代 FNET 系统还处在研发阶段。

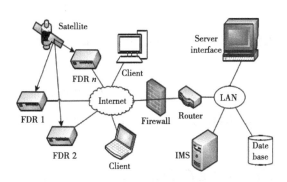

图 3-7　广域同步监测网络系统结构示意图

德国的西门子公司也对配电网同步相量测量技术开展了相关研究。该公司对低压侧同步测量技术的发展做了规划，并公布了其研发的 SIGUARD 同步相量测量装置，为配电网孤岛检测的研究奠定了基础。英国 Strathclyde 的论文中描述了基于低压配电网的同步相量测量技术的应用，不过并没有对装置在实测中如何使用作详细介绍。德国马格德堡大学的研究说明，低压侧同步相量测量装置的测量数据能迅速反应高压侧及整个电网的运行状态。日本将常规 PMU 配置在校园来监测低频振荡，并命名为 Camps WAMS。

2. 国内研究现状

我国配电网同步相量测量技术的研究起步较晚，目前还没在系统中获得成熟应用，有必要进一步加强研究。在国内，山东大学研发的基于轻型相量测量装置（PMU Light）的轻型广域测量系统（WAMS Light）为配电网同步测量技术的发展奠定了基础，已经在高校和中科院实验室中进行了安装测试。该系统能对配电网用户 220V 侧的单相交流电压幅值、相位和频率进行同步测量。其后续工作的重点是扩展 WAMS Light 的功能，提高其在线运行分析的能力，为电网运行和控制提供决策支持。

3.3.3.2　配电网同步相量测量算法的研究现状

配电网规模不断增大，风电等分布式电源的并网使得配电网的运行工况面临着巨大挑战。由于目前针对输电网研究的各种相量测量算法存在精度、实时性及响应时间无法兼顾的问题，国内外学者在考虑上述因素的基础上开始研究适用于配电网的相量测量算法，并指出配电网的相量测量算法有别于输电网，将同步相量测量技术应用到配电网需注意以下几点：

（1）配电网馈线长度短，其线路两相邻节点的电压测量精度要求将是输电网量测误差的十分之一甚至更高。

（2）配电网存在大量谐波和噪声，相量测量算法在动态条件下需保持良好的稳定性。

（3）配电网节点多，为满足大量配置相量测量装置的要求，其成本必须降低；且配电网相量测量算法是相量测量技术的核心，在研究过程中需考虑精度、响应时间和实时性三方面的要求。

相量测量算法的计算精度决定着将来配电网同步相量测量技术的应用效果。近两年，国内外学者提出的配电网相量测量算法多为基于离散傅里叶变换法（discrete fourier transform，DFT）进行的改进算法。因此，配电网相量测量算法根据是否基于 DFT 可分为 DFT 变换和非 DFT 变换两类。

1. DFT 变换类测量算法

DFT 算法计算量小，运算速度快，但在系统频偏情况下会因频谱泄漏影响其测量精度，很难直接应用到配电网。因此，相关学者开始研究适于配电网的 DFT 算法，并根据采样参数是否直接调整将 DFT 变换类算法分为自适应算法和修正算法。自适应算法主要从软件方面展开研究，分为以下两种：一种是在计算中保持固定的采样窗，由频率跟踪来实时调节采样间隔从而达到同步采样的目的；另一种在计算中使得采样间隔保持恒定，利用频率跟踪来实时修正采样窗长。以上两种算法精度较高，运算量小，但窗函数选取长度的变动会影响实时性。修正算法的研究也很多，有关文献提出一种配电网在高频采样下基于 DFT 的相量测量方法，该方法通过动态校正因子对传统 DFT 法的计算结果进行校正，在延续 DFT 法运算速度快优点的同时，其动态条件下的计算性能也得到了改善，但该算法的局限性是只适用于信号频偏较小时的计算。有的改进动态相量测量算法以频率为基础建立动态信号模型，改善了 DFT 计算结果，该算法的缺点是计算复杂，不利于在硬件中实现。

2. 非 DFT 变换类测量算法

非变换类相量测量算法大体上也可以分为两类，即硬件和软件同步算法。硬件同步算法利用硬件来对频率实时跟踪，然后通过分频技术对采样脉冲触发中断，从而实现信号的同步采样。但该类方法中的锁相环电路因配电网结构复杂性高，导致其自身的结构更复杂且成本高，不利于在配电网中大规模配置相量测量装置。软件同步算法是通过非 DFT 的数学求解方法来实现相量的计算，有关文献最小二乘法是将真实输入信号与预设信号模型通过最小二乘法原理来拟合，然后根据拟合误差最小的原则来修正预设模型的参数，从而提高相量的测量精度。有关文献提出的数字微分法实质上也是一种拟合算法，它是将数字微分和拉格朗日插值的曲线进行拟合，从而对相量值进行求解。有关文献中的卡尔曼滤波法也是一种非 DFT 类算法，但该方法的实际应用性不强。

3. 现有算法的主要不足

非变换类相量测量算法的主要缺陷是滤波效果不佳，因此，该类算法在实际应用中为保证其测量精度必须要求测量装置的前置滤波器具有良好的滤波性能，而这样会导致测量成本增加。当系统频偏较大时，现有非变换类算法的相量测量精度普遍不高，其测量精度难以满足配电网的要求。变换类相量测量算法在抗干扰性上优势明显，但该类算法大多也只是在系统频偏较小时保证测量效果，一旦系统频率发生较大波动，变化类算法也很难做到准确性和实时性的兼顾，从而不利于在线应用。

3.3.3.3　μPMU 的研究现状

随着风电等分布式电源的发展，低压配电网中除了含有负荷以外还含有更多的电源点，其动态行为变的更加复杂。为更为全面地掌握电网的动态行为并确保系统的安全稳定运行，拓展电网测量手段、研制适合配电网的 μPMU 变得尤为迫切。

美国加州大学的伯克利分校近几年开展了为期 3 年的 μPMU 项目的相关研究，在该项目中研制了一款 μPMU 设备，该设备每周波采样点数为 256/512，相角测量精度能达到 0.01°，且能够对暂态电能质量进行检测。图 3 - 8 为 μPMU 装置经通信系统互联后构成的 μPnet 系统。遗憾的是，该项目的相关论文中对核心的通信技术和系统运行方式并没有作详细说明，也没有给出实际的应用案例。

我国的实验室从 2013 年也开始对配电网 μPMU 进行了设计，并对这种面向低压配电网的微型相量测量单元与故障录波装置做了介绍，使装置初步具有了同步相量测量、综合数据采集以及故障录波功能，且在保证数据测量精度的同时考虑了硬件成本和安

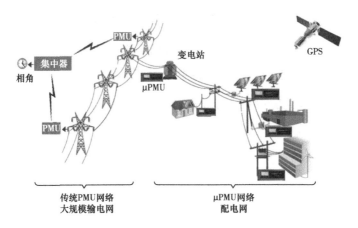

图 3 - 8   美国加州伯克利分校 μPnet 系统示意图

装难度。有关文献中介绍了一种适合配电网的新型分布式 PMU 装置，该装置的供电电源是一种高密度的感应取电模块，然后经印刷电路板式罗氏线圈对线路电流进行测量，而线路电压的测量主要采用空间电容分压器，最后经分布式同步采样对全网的电压、电流进行采集，为配电网线路 PMU 的研制提供了新的解决方案。利用 ARM + FPGA 架构对微型 PMU 装置进行了相关设计，通过实时嵌入式系统来对装置进行微型化和灵活化处理。以上装置都不同程度上降低了硬件成本，实现了装置的微型化，但测量精度并没有得到有效提高，目前还无法在配电网中进行相关配置。

本书对配电网同步相量测量的研究现状和研究趋势做了深入分析，因配电网大规模接入分布式电源等特点使得配电网对相量测量精度的要求更高，通过对配电网同步相量测量算法精度问题的影响因素进行分析，从信号的角度出发提出了一种适合配电网相量测量的条件最大似然估计算法，并对算法基准相的计算方法进行优化，根据配电网三相不平衡严重的特点，将三序相量和频率偏差作为状态量进行求解，从而得到基准相的相量及精确估计出系统的频率值，最后通过条件最大似然估计法的几何表达式对三相三线制和三相四线制系统的相量进行求解，保证了配电系统相量和频率计算结果的准确性，为配电网监测与控制提供了有效的依据和支持。具体的研究工作如下。

（1）研究分析了高渗透率，大规模分布式电源的接入对配电网微型同步相量测量单元带来的挑战，得出配电网同步相量测量算法的研究将成为配电网 μPMU 发展的基础，对配电网实时监控等具有重要意义。

（2）对现有的相量测量算法进行研究，分析配电网 μPMU 装置需具备的特点和成本及配电网对同步相量测量算法的要求。

（3）针对配电网三相不平衡问题突出的特点对配电网同步相量测量算法的精度问题做了深入研究，分析了信号频偏及授时偏差对相量测量精度影响，并对相关关系式进行了详细推导。

（4）结合配电网三相不平衡的特点提出一种适合配电网 μPMU 相量测量的条件最大似然估计算法。通过选取基准相，进而利用最大似然估计法对另外两相进行估计，并推导了利用该算法对三相三线制和三相四线制系统进行相量估计的几何关系式，通过均方误差（MSE）验证了该算法的估计性能，并通过 Matlab 对所提出的同步相量测量算法进行仿真验证，与 TFT 法和 WLS 法进行了精度和抗干扰性的对比。

（5）对基准相的测量进行优化，从三相不平衡的角度出发提出一种基准相求解的最大似然估计算法，利用所提算法对三序相量分别进行估计，从而对基准相和系统频偏进行精确计算。最后，通过 Matlab 对基准相优化后的条件最大似然估计算法的稳态和动态性能作了进一步分析，并通过实验将本文算法在单相接地故障时对电压和频率的估计值与之前研制的 μPMU 的测量值进行了比较，利用 33 节点配电系统的三相节点电压幅值和相角数据与本书算法的三相电压估计值进行了误差分析。

3.3.4　同步相量测量原理

同步相量测量在采样中通常以标准时间信号为参考，并在此参考下对采样数据进行计算，从而获得系统的相量数据。因此，系统模拟信号的相量之间将存在确定的相位关系。设模拟信号为 $x(t) = \sqrt{2}V\cos(\omega_0 t + \varphi)$，对应相量形式为 $V\angle\varphi$。如图 3-9 所示，当信号 $x(t)$ 的幅值 V_m 与 1PPS 秒脉冲同步时规定相角为 0°，而当信号 $x(t)$ 的正向过零点与秒脉冲重合时规定相角为 -90°，其他相角按上述规定依次类推。

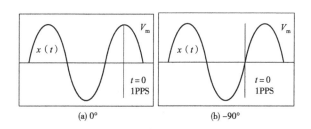

图 3-9　波形信号与同步相量之间的转换关系

当系统频率 f_0 维持 50Hz 不变，且系统模拟信号的相量幅值保持不变时，相角与模

拟信号频率 f 间的关系式为

$$\frac{\mathrm{d}\varphi}{\mathrm{d}t} = 2\pi(f - f_0), f_0 = 50\mathrm{Hz} \tag{3-1}$$

由式（3-1）可知：当系统频率 $f_0 = 50\mathrm{Hz}$ 时，所测信号的相角将维持不变；当系统频率 $f_0 > 50\mathrm{Hz}$ 时，所测相角将逐渐增大；当系统频率 $f_0 < 50\mathrm{Hz}$ 时，所测相角将逐渐减小。为了保证各个相量时标的统一，所采用的相量统一时标应该与初次采样点的时刻保持对应，相量的相角也应该与初次采样点的角度保持一致。

同步相量测量需要提供 GPS 时间基准，对系统的电压和电流相量进行同一时刻采样测量。测量到电压、电流相量数据对系统的动态分析、线路相邻端相量比较有重要参考价值。要实现高精度的相量测量有三个要素即：GPS 模块提供的同步采样脉冲、标准的同步时间基准信号和相量测量算法。目前，前两者在技术上已经成熟，精度比较高，而对于相量测量技术有许多方法可以提高精度。目前，相量测量算法主要采用过零检测和离散傅立叶变换（DFT）两种方法。

1. 过零点检测法基本原理

过零点检测法的基本原理是通过标准的方波信号对信号的过零点时刻进行准确的检测和记录。由 GPS 为测量装置中的晶振元件提供一个同步标准的 1PPS，晶振元件通过 1PSS 进行同步，发出精度极高的 50Hz 标准脉冲信号。正弦信号在过零点时变换率最大，在微处理器中要在过零点处附上时间标签，计算出相对于 50Hz 标准脉冲信号的测量角度。基本原理如图 3-10 所示，当系统中两个相邻的正向过零点时刻分别为 T_k 和 T_{k+1}，标准 50Hz 脉冲信号在 T_k 和 T_{k+1} 之间的正向过零时刻为 20ims，与 T_k 时刻相差时间为 Δt。则差值 Δt 即认为该被测信号的相位角度，表达式为

$$\theta_k = \frac{360^\circ}{T_{k+1} + T_k}(20i - T_i) \tag{3-2}$$

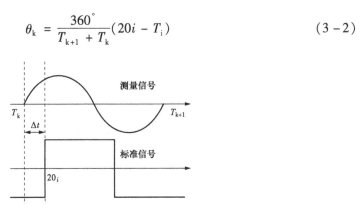

图 3-10 过零点检测法原理图

过零点检测法比较容易实现，实时性好，但是精度不高，易受信号中噪声和谐波的影响，可以在对测量精度要求不太高的场合进行使用。

2. DFT 法基本原理

DFT 是在傅里叶级数和傅里叶变换的基础上发展的数字信号处理方法。当一个周期函数满足 Dirichlet 条件时，可以将其用三角函数或积分的线性组合来表示。在此，设一个满足 Dirichlet 条件的周期为 T 的函数 $x(t)$，表达式为

$$x(t) = \sum_{n=-\infty}^{\infty} \left(a_n e^{\frac{j2\pi nt}{T}} \right) \tag{3-3}$$

其中，$a_n = \frac{1}{T} \int_{-\frac{T}{2}}^{\frac{T}{2}} x(t) e^{\frac{-j2\pi nt}{T}} \mathrm{d}t$ （$n = \pm 1, \pm 2, \pm 3, \cdots$）。

经过连续傅里叶变换后式（3-3）可以表示为

$$
\begin{aligned}
X(f) &= \int_{-\infty}^{+\infty} x(t) e^{-j2\pi ft} \mathrm{d}t = \int_{-\infty}^{+\infty} \left[\sum_{n=-\infty}^{\infty} \alpha_n e^{\frac{j2\pi nt}{T}} \right] e^{-j2\pi ft} \mathrm{d}t \\
&= \sum_{n=-\infty}^{\infty} \int_{-\infty}^{+\infty} \alpha_n e^{j2\pi nt\left(\frac{n}{T}-f\right)} = \sum_{n=-\infty}^{\infty} \alpha_n \delta(t - kT)
\end{aligned}
\tag{3-4}
$$

μPMU 可以处理的数据都是经过采样之后得到的离散数据，$x(t)$ 经采样后变为离散信号。$y(t)$ 为一个周期 T_0 内的采样值，可以得到

$$y(t) = x(t)\delta(t)\omega(t) = \sum_{k=0}^{N-1} x(k\Delta T)\delta(t - k\Delta T) \tag{3-5}$$

式中：$\delta(t)$ 为采样函数；$\omega(t)$ 为窗函数；$T_0 = N\Delta T$。

$y(t)$ 在经过傅里叶变换后可以得到连续的函数 $Y(f)$，在 $n/T(n = 0, \pm 1, \cdots)$ 处对 $Y(f)$ 进行采样，以得到各个整数次谐波分量的幅值和相角，其中采样函数 $\Phi(f)$ 选取为

$$\Phi(f) = \sum_{n=-\infty}^{+\infty} \delta\left(f - \frac{n}{T_0}\right) \tag{3-6}$$

采样函数 $\Phi(f)$ 经傅里叶反变换后得到 $\varphi(t)$

$$\varphi(t) = T_0 \sum_{n=-\infty}^{\infty} \delta(t - nT_0) \tag{3-7}$$

因为 $X'(f) = Y(f)\Phi(f)$，由卷积定理得

$$x'(t) = y(t)\varphi(t)$$

$$= \left[\sum_{k=0}^{N-1} x(k\Delta T)\delta(t - k\Delta T) \right] \left[T_0 \sum_{n=-\infty}^{\infty} \delta(t - nT_0) \right] \qquad (3-8)$$

$$= T_0 \sum_{n=-\infty}^{\infty} \left[\sum_{k=0}^{N-1} x(k\Delta T)\delta(t - nT_0 - k\Delta T) \right]$$

式中：$x'(t)$ 是一个周期函数，其周期为 T_0。对 $x'(t)$ 进行傅里叶变换，得到

$$X'(f) = \sum_{n=-\infty}^{+\infty} a_n \delta\left(f - \frac{n}{T_0}\right) \qquad (3-9)$$

其中，$a_n = \frac{1}{T_0} \int_{-T_0/2}^{T_0-T_0/2} x'(t) \mathrm{e}^{-\frac{\mathrm{j}2\pi nt}{T_0}} \mathrm{d}t = \sum_{k=0}^{N-1} x(k\Delta T)\mathrm{e}^{-\frac{\mathrm{j}2\pi kn}{N}} (n = 0, \pm 1, \pm 2, \cdots)$。

因为上述采样只使用了 N 个采样点，所以 a_n 只有 N 个不同值，即 $a_{N+1} = a_1$。DFT 算法的定义式为

$$X'\left(\frac{n}{T_0}\right) = \sum_{k=0}^{N-1} x(k\Delta T)\mathrm{e}^{-\frac{\mathrm{j}2\pi kn}{N}} (n = 0, 1, 2, \cdots, N-1) \qquad (3-10)$$

$x(t)$ 的傅里叶级数系数可由 DFT/N 求得，即

$$a_n = \frac{1}{N} \sum_{k=0}^{N-1} x(k\Delta T)\mathrm{e}^{-\frac{\mathrm{j}2\pi kn}{N}} \qquad (3-11)$$

因此，傅里叶级数可以改写为

$$x(t) = \sum_{n=-\infty}^{\infty} \left[\frac{1}{N} \sum_{k=0}^{N-1} x(k\Delta T)\mathrm{e}^{-\frac{\mathrm{j}2\pi kn}{N}} \right] \mathrm{e}^{\frac{\mathrm{j}2\pi nt}{T}} \qquad (3-12)$$

DFT 算法大体可以分为递归型和非递归型 DFT 算法，两者在计算的时候存在微小的区别，这造成最终计算的相量相角也存在差别。以相量的首点选为第 l 个采样点为例，二者的具体计算公式如下：

非递归型 DFT 计算公式为

$$X^l = \frac{\sqrt{2}}{N} \sum_{k=0}^{N-1} x[(k+l)\Delta T]\mathrm{e}^{-\mathrm{j}\frac{2\pi}{N}k}$$

$$= \frac{\sqrt{2}}{N} \sum_{k=0}^{N-1} x[(k+l)\Delta T] \left[\cos\frac{2\pi}{N}k - \mathrm{j}\sin\frac{2\pi}{N}k \right] \qquad (3-13)$$

递归型 DFT 算法计算公式为

$$\widehat{X}^l = e^{-j(l-1)0}X^l = \frac{\sqrt{2}}{N}\sum_{k=0}^{N-1}x[(k+l)\Delta T]e^{-j\frac{2\pi}{N}(k+l-1)}$$

$$= \frac{\sqrt{2}}{N}\sum_{k=0}^{N-1}x[(k+l)\Delta T]\left[\cos\frac{2\pi}{N}(k+l-1) - j\sin\frac{2\pi}{N}(k+l-1)\right] \quad (3-14)$$

$$= \widehat{X}^{l-1} + \frac{\sqrt{2}}{N}\{x[(N+l-1)\Delta T] - x[(l-1)\Delta T]\}e^{-j\frac{2\pi}{N}(l-1)}$$

对上述两种常见的同步相角测量方法进行比较可以看出：过零点检测法的运算时间快速但测量精度相对较低；而 DFT 算法则需要极高的采样率对信号进行大量采样，精度较高，但需经过大量计算速度较慢，实时性较差。综上所述，在不同的精度、速度的需求下可以选择不同的同步相量测量方法，对于实时性要求较高的系统可以采用过零点检测法，对于测量精度要求高但对实时性要求不高的系统可以采用 DFT 算法。

3.3.5 同步相量的基本表示方法

由电路的基础知识可知，正余弦量可以表示为相量形式。以式（3-15）的余弦信号为例

$$x(t) = X_m\cos(\omega t + \varphi) \quad (3-15)$$

式中：X_m 为余弦信号最大值；ω 为角速度；φ 为初相角。

式（3-15）对应的相量表示形式为

$$X = (X_m/\sqrt{2})e^{j\varphi}$$
$$= (X_m/\sqrt{2})(\cos\varphi + j\sin\varphi) \quad (3-16)$$
$$= X_r + jX_i$$

式中：X_r、X_i 为相量的实部和虚部。

从式（3-16）可以看出，相量仅与幅值 X_m 和初相角 φ 有关，而与频率无关。但在电力系统中，频率是在实时波动变化的，是电网运行特征表现出来的一个重要参数，因此这种传统的相量表达形式不能满足现代电力系统分析的要求，所以提出了同步相量的概念。

对相角 φ 的定义区别便是相量和同步相量的最大不同之处。同步相量是以 GPS 提供的标准时间信号为基准，经过一系列采样和计算得到的带有时间信标的相量。同步

相角 φ 是一个相对相角，其以协调世界时间（UTC）同步的额定频率的余弦信号为基准。

同步相角的一般表达方法如图 3-11 所示。可以看出，当 $t = 0$ 时，$x(t)$ 达到极大值，在此时出现 UTC 信号（1PPS 信号），规定同步相角为 0°；当 $t = 0$ 时，$x(t)$ 位于正向过零点，则规定同步相角为 -90°；当 $t = 0$ 时，$x(t)$ 位于反向过零点，则规定同步相角为 90°。

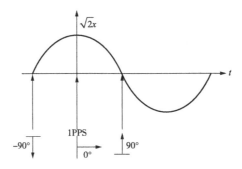

图 3-11 同步相量的一般表达方法

在实际电网的运行过程中，信号的幅值与频率都是在实时变化的，可分别用 $X_{\mathrm{m}}(t)$ 和 $f(t)$ 表示。定义实际频率和额定频率的差值 $g(t) = f(t) - f_0$，其中 f_0 为额定频率。式（3-15）对应的信号可以改写为

$$
\begin{aligned}
x(t) &= X_{\mathrm{m}}\cos\left(2\pi\!\int\! f\mathrm{d}t + \varphi\right) \\
&= X_{\mathrm{m}}\cos\left[2\pi\!\int\!(f_0 + g)\,\mathrm{d}t + \varphi\right] \\
&= X_{\mathrm{m}}\cos\left[2\pi f_0 t + \left(2\pi\!\int\! g\mathrm{d}t + \varphi\right)\right]
\end{aligned}
\tag{3-17}
$$

相应的同步相量的表达式为

$$
X(t) = \left[X_{\mathrm{m}}(t)/\sqrt{2}\right]\mathrm{e}^{\mathrm{j}(2\pi\int g\mathrm{d}t + \varphi)}
\tag{3-18}
$$

对于幅值不随时间发生改变 $[X_{\mathrm{m}}(t) = X_{\mathrm{m}}]$，频率差值固定 $[g(t) = \Delta f]$ 的信号，则 $\int g\mathrm{d}t = \int\Delta f\mathrm{d}t = \Delta f t$，式（3-18）可以写为

$$
X(t) = (X_{\mathrm{m}}/\sqrt{2})\mathrm{e}^{\mathrm{j}(2\pi\Delta f t + \varphi)}
\tag{3-19}
$$

3.4 同步相量测量算法的研究趋势

3.4.1 算法研究趋势

近年来，同步相量测量算法的研究趋势为：从算法上对系统的建模进行完善，保证量测值与实际值无限接近，最大限度地抑制高次谐波分量和直流分量对量测结果的影响，从提取的基波分量中精确计算出频率和相角。从电路上提高信号处理的精确等级，提高芯片处理的运算速度，提高采样芯片的效率及精确等级。从量测域来看，由过去偏稳态和类稳态的相量量测逐渐向动态、多元的配电网发展，使相量测量变为动态的安全监测控制问题。

DFT算法是目前相量测量采用的主要算法，其采样间隔应该跟标准工频信号相匹配，而当二者不匹配时会出现采样不全，混叠等错误。电力系统实际运行中的频率并非恒定，因此，以恒定工频为前提测量的相量结果无法准确真实地反映出当前电网的运行状态。

在实际工程应用中，通常采用以下方法来解决上述问题：①锁相环同步测量方法；②自适应采样法；③等间隔采样的DFT修正法。以下做具体分析。

3.4.2 锁相环同步量测法

锁相环同步量测法利用锁相环（phase locked loop，PLL）在线检测和跟踪系统的频率变化，依靠硬件电路产生的电平来发出请求，进而完成采样，此法因为能进行同步相量采集，从而缩小异步采集导致的频率偏差。

使信号相位保持不变的控制称为锁相，锁相环即保持电信号相位一致的控制策略。

如图 3 – 12 所示，当系统频率 f 变化时，锁相环可以使采样频率 f_s 始终和系统频率 f 保持一致。由图可知

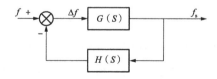

图 3 – 12　锁相环反馈系统原理图

$$\Delta f = \frac{f(S)}{1 + F(S)} \qquad\qquad (3-20)$$

$$F(S) = \frac{k(1 + ST_a)(1 + ST_b)}{S^n(1 + ST_1)(1 + ST_2)} \qquad\qquad (3-21)$$

$$\lim_{t\to\infty}\Delta f = \lim_{f\to\infty}[S\Delta f(S)] = \lim_{f\to\infty} \frac{aS^{n-1}}{S^n + k\frac{(1 + ST_a)(1 + ST_b)}{(1 + ST_1)(1 + ST_2)}} \qquad (3-22)$$

在上述采样方式下,图 3-12 的系统控制图如图 3-13 所示。

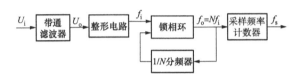

图 3-13 反馈控制系统的锁相环硬件实现原理图

图 3-13 表明,输入信号 U_i 经过一系列信号调理和变换后变为频率为 f_i 的脉冲波形,通过锁相环和 $1/N$ 分频器校正后最终锁定其频率 f_0 为 Nf_i,然后根据采样数据的数目对频率 f_0 进行区分统计,从而达到采样频率 f_s 对原始波形相位锁相的目的。

以上采用的锁相环同步测量法可以达到相量异地采样结果二次同步的目的。当采样频率为 0.02s 时,如果此时的系统频率大于 50Hz,锁相环同步测量法不仅能在一次采样周期 0.02s 内对频率进行跟踪,还可以精确获得所需的相量测量信息。然而,如果系统频率小于 50Hz,会导致采样点的长度小于信号的完整长度,从而无法得到全部的采样信息及正确的测量结果,严重时会导致一个采样周期内采样点不足,无法捕捉到系统的频率信息。由于该方法在实际应用中的控制比较难,费用相对也较高,因此还有待进一步研究。

3.4.3 自适应采样算法

自适应采样算法又被称为软件同步等角度采样法,等角度采样的根本是保持采样窗尺度 N 为定值。该方法能在线适应系统频率的变化,及时调整采样间隔,从而使系统采样数据的任意周波都能在 DFT 采样窗的覆盖之下,达到无频率泄漏的目的。

自适应采样算法出现以来,在此基础上衍生了许多改良算法,常见的改良算法有频差法、三点法、四点法等。以下粗略叙述一种频差法自适应调整算法。

当电力系统频率保持 50Hz 不变时,此时的采样间隔就能保持一致;但当系统的频率随时间发生变化时，此算法会出现采样间隔不一致的现象。但由于系统实际频率通常在 50Hz 左右有着微小变化，则在相角改变的 $2\pi/N$ 间隔里，可以近似忽略频率的改变，则

$$\varphi_k \approx \varphi_{k-1} + \frac{\mathrm{d}\varphi_{(t)}}{\mathrm{d}t}(t_k - t_{k-1}) = \varphi_{k-1} + 2\pi f_0^{k-1}(t_k - t_{k-1}) \tag{3-23}$$

φ 为系统信号波形在时刻 t 的电角度，且 $\varphi_k - \varphi_{k-1} = 2\pi/N$，以此类推能得到式（3-24）

$$t_k = t_{k-1} + \frac{1}{N f_0^{k-1}} \tag{3-24}$$

式中：f_0^{k-1} 为采样频率。

上述自适应采样法的具体实现步骤如下：

（1）第 $k-1$ 个采样窗 N 点的采样结果为 $(t_0, u_0), (t_1, u_1), \cdots, (t_{N-1}, u_{N-1})$，可以由 DFT 变换得到，由式（3-24）可以得到采样时刻 t_N；

（2）在 t_N 时刻获得的采样结果即为第 k 个采样窗 N 点的采样结果，分别为 $(t_0, u_0), (t_1, u_1), \cdots, (t_N, u_N)$，然后经 DFT 计算得到 t_N 时的真实频率，再由式（3-24）得到采样时刻 t_{N-1}；

（3）重复以上步骤。

上述算法再经 DFT 计算就可以得到第 N 点波形的基波频率表达式

$$f_0^N = f_0^{N-1}\left(1 + \frac{N}{2\pi}\Delta\theta\right) \tag{3-25}$$

以上基于频差法的自适应调整算法是由 DFT 法改进而来，由于 DFT 法的滤波性能很好，因此该方法的抗干扰能力较强，测量精度也得到了一定提高。但是，当频率变换严重时，此法的运算速度会下降，使得动态过程的运算分析性能不佳。

3.4.4 等间隔采样的 DFT 修正法

等间隔采样的 DFT 修正法又被称为定间隔采样的 DFT 修正法。该法的采样频率保持不变，为确保相量数据的测量精度，对传统的 DFT 变化进行改进，通过对频率泄漏补偿来抵消偏差。《电力系统实时动态监测系统技术规范》要求相量测量装置应以固定的采样间隔来采样，还应满足相量测量的精度以及速度要求。近年来，高端测量设备的普及和利用使得等间隔采样的 DFT 修正法成为相量测量方法中应用最广泛的一种。

3.5.1 同步相量测量在故障辨识与定位中的应用现状

随着现代电力系统规模日益扩大，配电线路故障对社会经济和人民生活造成的危害更加严重。快速、准确的故障定位是快速恢复电网供电的前提，而对发生故障的辨识又是快速、准确故障定位的前提，是故障分析的一个重要部分。配电网故障发生时，电气量发生突变，电气量信息作为最根本的故障表征，要比开关量信息更为可靠精确。随着计算机技术和通信技术的飞速发展，以 μPMU 为基础的 WAMS 将在广域性、同步性、实时性等方面都有长足的进步，基于 WAMS 对电气量优良的同步实时监测传输特性，μPMU 量测数据也能更加准确的反映电网故障的性质，在辨识故障区域和故障类型等方面具有明显的优势。

随着三相交流电的出现与应用，故障的辨识与定位研究便应运而生。20 世纪 30 年代，在德国的慕尼黑高压电网中便安装了可以反映单相接地故障的故障指示器，为以后故障辨识与定位的研究打下了良好的基础。随着工业革命的不断推进，关于故障测距技术的研究也在逐步开展，西欧各个国家在故障测距方面的研究处于世界领先水平。20 世纪末期，随着应用于高压电力系统的电力电子器件的出现和通信技术的不断发展，对电网的故障辨识与定位的研究达到了一个高峰期。目前看来，故障定位大致经历了电磁仪表指示、数字信号应用、同步技术测距和大数据故障定位等几个阶段。

在电力系统发生故障后，迅速地对故障性质进行判别、对故障位置进行确定是实现快速抢修和恢复供电的基础，能最大限度地减小损失，保障电力系统能安全稳定的工作。若为架空线路，途中经过的地形复杂，天气情况多变，给人工巡线带来了很大的困扰。而且，还有很多线路的故障，对外绝缘的损害很小，难以用肉眼观察，很难判断故障类型与位置。除此之外，由于电缆线路埋于地下，当发生故障后无法通过观察判断故障类型与位置。因此，远程高效快速的故障识别与定位方法的研究成为电力系统的重要课题。

3.5.2 同步相量测量在故障辨识中的应用

调度中心根据故障后采集到的各种电压电流等电气量信息和继电保护的开关动作

信息等有用信息来进行电网故障辨识。近些年，各位专家学者提出了很多故障辨识方法。以使用的方法来区分，主要包括人工神经网络、优化理论、Petri 网、关联规则等。以使用的电气信息来区分，主要包括开关量信息、电气量信息和多源信息等。随着通信网络和 PMU 技术的快速发展，可以对各种电压电流等电气量信息进行实时同步的测量与传输。系统发生故障之后，电气量的反应最为迅速和准确，包含的故障信息量多，而且可靠，对于很多故障的识别都具有很大的优势。PMU 技术的快速发展为电气量的实时准确测量创造了条件。

目前，很多专家学者开始研究同步相量在故障辨识中的应用。在现有模式识别的故障诊断方法的基础上，应用 WAMS 中的时序信息，提出一种模式识别与 WAMS 时序信息结合应用的故障诊断方法。该方法根据已知故障类型建立包含时序信息的基准故障模式相量，在满足故障启动条件的情况下，对未知故障进行特征量提取并按照时序信息与时序基准故障模式相量进行匹配，从而确定故障类型及获取完整的故障演进过程。研究了基于 PMU 数据的故障在线识别方法，根据 PMU 的配置将电网分割成多个监测区域，再研究正序、负序和零序三序电流在故障时发生明显突变的特点，提出了一种利用监测区域边界节点三序电流突变量进行故障区域检索识别的方法。本文提出了一种新的故障检测和定位方法，可以精确地检测和定位电网中任何位置发生的各种类型的线路故障。故障检测是基于从整个电网的单个发电机总线上获得的 PMU 测量值来实现的，可以识别与故障相关的总线、故障分支的识别以及故障分支的位置。本文提出了一种适用于有源配电网的故障诊断与定位方法。讨论了基于滑动时间窗的故障前后协方差矩阵的差异。根据这些差异，可以检测出故障的发生，定位故障，确定故障类型。利用 WAMS 系统中配置的 PMU 测量到的同步数据和母线节点阻抗矩阵来进行故障检测。该方法利用 PMU 测量的实时同步故障电流，应用电路规则先确定故障区域再诊断故障具体线路。利用系统发生故障后的开关信息和故障发生时刻到故障切除时刻之间的电压相量变化诊断故障元件集合，再结合方向信息通过一系列的推理过程最终确定发生故障的元件，并可以进行简单的选相与保护动作行为评价分析。

3.5.3 同步相量在故障定位中的应用

近年来，我国电网故障定位技术的发展已经达到世界领先水平，各大电力设备设计生产公司制作的选线定位装置在全国范围内已经实现大范围应用。随着 PMU 技术的飞速发展，PMU 量测的实时同步数据也为新型的故障定位技术提供了数据支撑，PMU 在故障定位中的应用也变得越来越常见。到现今为止，PMU 技术在电网故障定位中的应用可以分为两大类：

第一类是利用 PMU 测量得到的电压和电流相量信息同步性好的优势进行故障定位，例如近年来在国外开始引起关注的自适应算法，该方法一般需要 PMU 在大部分节点进行配置甚至全面配置，投资巨大，但原理比较简单，计算容易。有关文献提出了一种具备自适应特性的故障检测和定位方法，该方法通过对线路参数进行估算，并利用离散傅里叶变换方法对噪声的影响和线路参数的未确定性的影响，以及测量误差的影响进行消除，具备比较高的定位准确性。采用的故障则距策略简单易行并结合了单端阻抗法经济性好的特点，适用于庞大的配电网故障定位。利用 PMU 带时间下标的同步测量技术减小了基于双端星测法的测距误差，大大提高了配电馈线故障测距的准确度。同时利用同步相量测量技术提出了一种基于电压相量的定位新方法，该方法算法原理比较简单，而且不需要复杂的计算，定位精度也能满足要求。并提出了一种配电系统精确定位故障的新方法。该方法利用多个位置的同步加速器测量来精确定位故障位置。该方法适用于有源和无源网络，不受测量设备位置的限制。通过使用合适的通信方案，可以实现实时、自动的故障定位方法。本书利用 PMU 上传的电压、电流信息，计算出各支路的前端电压，对故障馈线进行判断。然后利用双端馈电线的电压分布来实现精确的故障定位。本书提出了一种新的基于电流相位变化的故障定位方法，可应用于有源配电网。在此基础上，提出了逆变配电网的故障模型，并建立了有源配电网模型。以上论述都是基于同步相量测量单元测量的电压和电流相量数据进行故障的定位，都要求在输电线路的两端配置 PMU，即在电网范围内进行完全配置，推广是在经济条件上会受到限制，这是由于同步相量测量单元 PMU 的价格和与 PMU 安装所需的配套设备比如通信设备价格相当昂贵，并且当在电网中安装 PMU 的数量过多时，PMU 实时传输的通信信息量将会呈指数增高，给输电传输网络造成很大的负担。

第二类方法是将 PMU 测量得到的同步电压电流相量与电网节点的阻抗或导纳矩阵相结合，通过大量的迭代过程进行故障定位，例如高斯赛德尔迭代方法、节点阻抗导纳矩阵的修正方法和步长迭代逼近方法等。相关研究提出了一种基于高斯赛德尔的迭代方法对故障进行定位，该方法不要求电网范围内全面配置 PMU，在经济性上得到显著提高，并且定位算法的容错性能也比较好。一种应用 PMU 进行配电网高阻抗故障检测、分类和定位的新技术，提出了合理配置 PMU 以确定保护区域的方法。故障检测和分类方法采用减少 PMU 数的方法，采用人工神经网络技术解决故障定位问题。一种基于 PMU 大型输电网络故障检测与定位算法，利用故障点与故障节点之间的传递阻抗，定义了一组非线性电压电流方程，并将其转化为线性最小二乘法估计问题，其中故障定位是未知量。该算法首先利用故障总线识别索引缩小搜索区域，以加快搜索过程。然后，考虑到搜索区域内的所有输电线路，利用故障定位指标和故障定位算法对故障线和故障相进行识别。针对传统过流继电保护不能应用于多源配电网的故障和保护问题，提出了一种基于故障定位的多源配电网故障定位方法。利用基于高斯原子库的匹配追踪分解算法对 PMU 采集的同步频率信号和电压信号进行特征提取，并利用 k – means 分类算法对特征量进行分类。根据频率信号时频特性训练不同的隐马尔科夫模型用于故障检测和辨识；根据电压信号时频特性及电网拓扑信息生成故障定位图、确定故障地点。利用同步相量测量技术提出了基于电压相量同步性的故障定位算法，通过对母线上的同步电压相量信息进行计算，从而实现故障的定位。这类方法通常只需要在电网中布置少量的 PMU 即可实现故障的定位，但是需要通过实时高速的计算并且不断地修正电网的阻抗或导纳矩阵，算法计算量比较大。

与输电网中同步相量测量技术已经成熟应用相比，在配电网中的应用相对发展迟缓。这是由于我国配电网发展较慢以及电力工作者的不重视造成的。配电网的线路分支较多，区分故障分支线路和非故障分支线路具有一定的困难，这也给配电网故障定位提出了更高要求。

3.6 配电网同步相量测量的精度问题分析

3.6.1 授时时钟的性能对比

μPMU 是在 GPS 或北斗系统（BeiDou System，BDS）提供的 UTC 和 1PPS 秒脉冲下对配电网中各安装节点的电压、电流进行同步测量，从而确保全网的测量结果具有同时性。因此，同步授时信息的精确与否对相量量测的精度和可靠性将产生直接影响，下面分别对 BDS 和 GPS 的授时性能作简要分析。

1. GPS 授时精度分析

目前，输电网中配置的同步相量测量单元多以 GPS 作为同步时钟源。GPS 的可用性及授时精度决定了装置相量测量的可靠性，然而 GPS 在实际应用中的授时连续性、抗干扰性和可用性还有待提高，主要表现在：①GPS 的时间信号长期稳定性好、短期稳定性相对较差；②GPS 因抗干扰性不佳，导致应用中有时会发生卫星失锁现象；③卫星在试验或调试过程中会使得 GPS 时钟产生跳变，对于 50Hz 的工频系统，时钟源的偏差即使只有 1ms，其对相角测量也会产生 18°的误差，该误差足以致使控制系统误动作。

此外，我国电力系统对 GPS 应用的过分依赖性是目前面临最重要的问题。如美国早在 2000 年因"局部屏蔽 GPS 信号"的技术试验的成功取消了长达 10 年的选择可用性政策。因此，将可依赖的同步时钟与 GPS 进行互备授时对未来同步相量测量技术在我国配电网中的应用至关重要。

2. BDS 授时精度分析

北斗卫星导航系统由我国自行研制，该卫星系统是世界上第一个区域性导航系统，是继 GPS 和 GLONASS（Global Navigation Satellite System）卫星导航系统后的第三个投入运行的导航系统。BDS 是我国独立自主研发的，其在安全性、可用性和可依赖性等方面更有保障。

BDS 具有单/双向两种授时功能，可以提供以下两种时间同步精度：100ns 和 20ns。因此，BDS 的综合精度如果按 50ns 计算，当系统频率为 50Hz 时，将产生 0.0009°的相角误差，当频率变化时 50ns 产生的相角误差为 $(1 + \Delta f) \times 0.0009°$。可见，BDS 作为 μPMU 的异地同步测量时的时钟源将更具优势。BDS 时钟源授时精度到相角测量误差的转换为

$$\theta' = (\delta \times 10^{-9}/0.02) \times 360 \qquad (3-26)$$

式中：δ 为 BDS 的授时精度，ns。

3.6.2 时钟授时偏差对量测值的影响

目前，同步相量测量装置主要采用 DFT 法来计算电压、电流的幅值与相角，再根据计算得到的相角进一步推算频率和频率变化率。因此本节针对 DFT 算法采用先稳态后动态的思路，重点研究了时钟授时偏差对 μPMU 相量幅值和相角量测产生的影响。

1. 稳态情况下授时偏差对 μPMU 量测的影响

电力系统处于稳定运行状态时，其电压、电流信号可表示为

$$x(t) = \sqrt{2}X\cos(2\pi f_0 t + \varphi_0) \tag{3-27}$$

式中：X 为系统信号的有效值；f_0 为系统的额定频率；φ_0 为信号的初相角。

第 $r+1$ 个采样窗的相量计算表达式为

$$\dot{X}_1^r = \frac{\sqrt{2}}{N} \sum_{k=r}^{r+N-1} xk\Delta T \mathrm{e}^{-\mathrm{j}2\pi f_0 k\Delta T} = X\mathrm{e}^{\mathrm{j}\varphi_0} \tag{3-28}$$

式中：ΔT 为采样间隔，$\Delta T = 1/(Nf_0)$，其中，N 为一周波采样点数；$x(k\Delta T)$ 为信号的第 k 个采样值。

当时钟同步时间偏差为 Δt 时，即 1PPS 秒脉冲的偏差为 Δt，也就相当于信号的采样时刻产生了 Δt 的偏差。因此时间同步偏差为 Δt 时，第 k 个采样值为 $x(k\Delta T + k\Delta t)$。此时第 $r+1$ 个采样窗相量表达式为：

$$\dot{X}_1^r = \frac{\sqrt{2}}{N} \sum_{k=r}^{r+N-1} x(k\Delta T + \Delta t)\mathrm{e}^{-\mathrm{j}2\pi f_0 k\Delta T} = X\mathrm{e}^{\mathrm{j}(2\pi f\Delta t + \varphi_0)} \tag{3-29}$$

比较式（3-29）与式（3-28）可以发现，授时偏差 Δt 只对相角产生了 $2\pi f_0 \Delta t$ 的偏差，对幅值并没有影响，两者都为 X。

2. 动态情况下授时偏差对 μPMU 量测的影响

电力系统动态情况主要指系统发生低频振荡、功率振荡、短路等情况。下面以系统发生低频振荡为例对动态情况下授时偏差对 μPMU 量测的影响进行分析。

电力系统低频振荡过程若抽象出其信号模型，则是对电力系统电压电流进行了幅值调制，相应的低频振荡电压、电流信号时域表达式为

$$x(t) = \sqrt{2}[X + X_\mathrm{d}\cos(2\pi f_\mathrm{a} t + \varphi_\mathrm{a})]\cos(2\pi f_0 t + \varphi_0) \tag{3-30}$$

式中：X_d 为幅值调制信号的深度；f_a 为幅值调制信号的频率；φ_a 为幅值调制信号的初相角，其余符号与式（3-27）中的含义相同。

利用积化和差公式，可将式（3-30）写成

$$x(t) = \sqrt{2}X\cos(2\pi f_0 + \varphi_0) + (\sqrt{2}/2)X_\mathrm{d}\cos[2\pi(f_0 + f_\mathrm{a})t + (\varphi_0 + \varphi_\mathrm{a})]$$

$$+ (\sqrt{2}/2)X_\mathrm{d}\cos[2\pi(f_0 - f_\mathrm{a})t + (\varphi_0 - \varphi_\mathrm{a})] \tag{3-31}$$

该信号由 f_0，$f_0 + f_\mathrm{a}$，$f_0 - f_\mathrm{a}$ 共 3 个频率分量的正弦信号构成。当系统发生频偏时，所对应的信号为 $x(t) = \sqrt{2}X\cos(2\pi f t + \varphi_0)$，则第 $r+1$ 个采样窗的相量计算表达式为

$$\dot{X}_1^r = P(f)X\mathrm{e}^{\mathrm{j}\varphi_0}\mathrm{e}^{\mathrm{j}r2\pi(f-f_0)\Delta T} + Q(f)X\mathrm{e}^{-\mathrm{j}\varphi_0}\mathrm{e}^{-\mathrm{j}r2\pi(f+f_0)\Delta T} \tag{3-32}$$

式中：f 为信号实际频率；$P(f)$ 与 $Q(f)$ 为与 r 不相关的复数。

$$P(f) = \frac{\sin[N\pi(f-f_0)\Delta T]}{N\sin[\pi(f-f_0)\Delta T]}e^{j(N-1)\pi(f-f_0)\Delta T}, Q(f) \tag{3-33}$$

$$= \frac{\sin[N\pi(f+f_0)\Delta T]}{N\sin[\pi(f+f_0)\Delta T]}e^{-j(N-1)\pi(f+f_0)\Delta T}$$

因此，可得幅值调制信号的计算相量表达式为

$$\dot{X}_1^r = Xe^{j\varphi_0} + 1/2 \times [P(f_0+f_a)X_dY(\varphi_0+\varphi_a, f_a) + Q(f_0+f_a)$$
$$\times X_dY(-\varphi_0-\varphi_a, -2f_0-f_a)] + 1/2 \times [P(f_0-f_a)X_dY \tag{3-34}$$
$$\times (\varphi_0-\varphi_a, -f_a) + Q(f_0-f_a)X_dY(-\varphi_0+\varphi_a, -2f_0+f_a)]$$

其中，$Y(\varphi, f) = e^{j\varphi}e^{jr2\pi f\Delta T}$。

电力系统低频振荡时的振荡频率 f_a 通常较小，一般为 $0.2 \sim 2.5\text{Hz}$。当 f_a 为 2Hz 时，$|P(f_0\pm f_a)|\gg0.997$，$|Q(f_0\pm f_a)|\gg0.02$。由于 Q 的幅值接近 0，且相比 P 的幅值要小得多，因此可认为 $Q(f_0\pm f_a) = 0$；P 的幅值接近 1，故可认为 $P(f_0\pm f_a) = 1$。此时，低频振荡信号的计算相量表达式化简为

$$\dot{X}_1^r = e^{j\varphi_0}[X + X_d\cos(2\pi f_a\Delta T_r + \varphi_a)] \tag{3-35}$$

式（3-35）是随时间变化，且频率为 f_a 的正弦曲线。假设授时偏差 Δt，则计算相量为

$$\dot{X}_1^r = e^{j2\pi f_0\Delta t}Xe^{j\varphi_0} + \frac{1}{2}e^{j2\pi(f_0+f_a)\Delta t}[P(f_0+f_a)X_dY(\varphi_0+\varphi_a, f_a) +$$

$$e^{-j4\pi(f_0+f_a)\Delta t}Q(f_0+f_a)X_dY(-\varphi_0-\varphi_a, -2f_0-f_a)] + \frac{1}{2}e^{j2\pi(f_0-f_a)\Delta t} \times \tag{3-36}$$

$$[P(f_0-f_a)X_dY(\varphi_0-\varphi_a, -f_a) + e^{-j4\pi(f_0-f_a)\Delta t}Q(f_0-f_a)X_d \times$$

$$Y(-\varphi_0+\varphi_a, -2f_0+f_a)]$$

与无授时偏差时作同样的假设 $Q(f_0\pm f_a) = 0$，$P(f_0\pm f_a) = 1$，得到简化后的结果为

$$\dot{X}_1^r = e^{j(2\pi f_0\Delta t+\varphi_0)}[X + X_d\cos(2\pi f_a\Delta T_r + 2\pi f_a\Delta T + \varphi_a)] \tag{3-37}$$

由此可知，授时偏差 Δt 引起的幅值偏差为

$$|\dot{X}_1^{r'}| - |\dot{X}_1^r| = -2X_d\sin(\pi f_a\Delta t)\sin(2\pi f_a\Delta T_r + \pi f_a\Delta T + \varphi_a) \tag{3-38}$$

授时偏差 Δt 引起的相角偏差为

$$\angle\dot{X}_1^{r'} - \angle\dot{X}_1^r = 2\pi f_0\Delta t \tag{3-39}$$

式（3-38）中，当 Δt 固定时，$\sin(\pi f_a\Delta t)$ 也为常量。而 $\sin(2\pi f_a\Delta T_r +$

$\pi f_a\Delta T + \varphi_a$）是初相角为 $\pi f_a\Delta T + \varphi_a$，频率为 f_a 的正弦函数。由此可见，授时偏差引起的幅值偏差为：振幅为固定值且频率为调制频率 f_a 的正弦曲线。而当 Δt 可变时，授时偏差引起的幅值偏差为：频率为 f_a 的一个幅值调制信号曲线。从式（3 – 39）可见，授时偏差引起的相角偏差为 $2\pi f_0\Delta t$。

从物理意义上分析同样也可以得到相同的结果。如图 3 – 14 所示，绿色曲线代表频率为 f_a 的幅值调制信号包络线，此时由幅值调制信号计算得到的相量幅值与该频率变化的正弦量相对应。当时钟的授时偏差为 Δt 时，导致采样窗也会移动，如图 3 – 14 中的矩形框所示。由图 3 – 14 可见，时间同步偏差 Δt 一方面会引起绝对相角产生 $2\pi f_0\Delta t$ 的偏差，另一方面还会因幅值调制信号包络线的振荡，使得采样窗内的采样数据也会伴随振荡发生变化，导致相量计算的幅值会以包络线相同的频率作正弦变化。

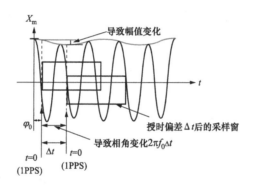

图 3 – 14　时间同步偏差对幅值调制信号相量计算影响示意图

3.6.3　频率偏移对 DFT 相角计算的影响

设电力系统正弦信号表达式为

$$x(t) = \sqrt{2}X\cos(\omega t + \varphi) \tag{3–40}$$

式中：X 为信号幅值的有效值；φ 为信号的初相角；$\omega = 2\pi$（$f_0 + \Delta f$），$f_0 = 50\text{Hz}$，Δf 为频率偏移量。

对信号以采样频率 $f_s = Nf_0$ 进行采样，则

$$\omega t = 2k\pi(f_0 + \Delta f)/f_0 N = 2\pi(1 + \Delta\lambda)k/N \tag{3–41}$$

$$x(k) = \sqrt{2}X\cos[2\pi(1 + \Delta\lambda)k/N + \varphi] \tag{3–42}$$

式中：$k = 0, 1, \cdots, N-1$；$\Delta\lambda$ 为系统频偏，$\Delta\lambda = \Delta f/f_0$。

对式（3 – 42）进行 DFT 计算有

$$\dot{X} = \frac{2}{N}\sum_{k=0}^{N-1}x(k)\,\mathrm{e}^{-\mathrm{j}2k\pi/N} \tag{3-43}$$

由欧拉公式可将式（3-42）转换为

$$\dot{X} = \frac{2X}{N}\left\{\mathrm{e}^{\mathrm{j}\varphi}\sum_{k=0}^{N-1}\mathrm{e}^{-\mathrm{j}[2k\pi/N-2k\pi(1+\Delta\lambda)/N]} + \mathrm{e}^{-\mathrm{j}\varphi}\sum_{k=0}^{N-1}\mathrm{e}^{-\mathrm{j}[2k\pi/N+2k\pi(1+\Delta\lambda)/N]}\right\} \tag{3-44}$$

$$= \frac{2X}{N}\left[\mathrm{e}^{\mathrm{j}\varphi}\sum_{k=0}^{N-1}\mathrm{e}^{\mathrm{j}2k\pi\Delta\lambda/N} + \mathrm{e}^{-\mathrm{j}\varphi}\sum_{k=0}^{N-1}\mathrm{e}^{-\mathrm{j}2k\pi(2+\Delta\lambda)/N}\right]$$

考虑到矩形窗函数的 DFT 形式为

$$\dot{W} = \sum_{k=0}^{N-1}\mathrm{e}^{-\mathrm{j}k\omega} = \mathrm{e}^{-\mathrm{j}\omega(N-1)/2}\times\frac{\sin(\omega N/2)}{\sin(\omega/2)} \tag{3-45}$$

由式（3-45）可将式（3-44）进一步转换为

$$\dot{X} = \frac{2X}{N}\left[\mathrm{e}^{\mathrm{j}\varphi}\mathrm{e}^{\mathrm{j}\pi\Delta\lambda(N-1)/N}\times\frac{\sin(\pi\Delta\lambda)}{\sin(\pi\Delta\lambda/N)} + \mathrm{e}^{-\mathrm{j}\varphi}\mathrm{e}^{-\mathrm{j}(\pi\Delta\lambda\frac{N-1}{N}-\frac{2\pi}{N})}\times\frac{\sin(\pi\Delta\lambda)}{\sin(\frac{\pi\Delta\lambda}{N}+\frac{2\pi}{N})}\right] \tag{3-46}$$

令式（3-46）的相量为 $\dot{X} = X'\mathrm{e}^{\mathrm{j}\varphi'}$，而在式（3-40）中，当 $\Delta f = 0\,\mathrm{Hz}$ 时，相量表达式为 $\dot{X} = X\mathrm{e}^{\mathrm{j}\varphi}$，故对系统进行同步采样时 $X' = X$，$\varphi' = \varphi$；而非同步采样时 DFT 的计算结果将会产生误差，其计算误差如图 3-15 所示。

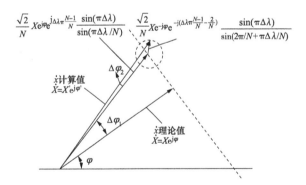

图 3-15　非同步采样下频偏对相量误差的影响示意图

由图 3-15 可得非同步采样情况下相角偏差为

$$\Delta\varphi = \varphi' - \varphi = \Delta\varphi_1 - \Delta\varphi_2$$

$$\approx \Delta\lambda\pi\frac{N-2}{N} + \frac{\sin(\Delta\lambda\pi/N)}{\sin(\Delta\lambda\pi/N+2\pi/N)}\sin[2\pi/N-2\varphi-2\Delta\lambda\pi(N-1)/N]$$

$$\approx \Delta\lambda\pi\frac{N-1}{N} + \frac{\Delta\lambda\pi}{N\sin(2\pi/N)}\sin(2\pi/N-2\varphi') \tag{3-47}$$

传统 DFT 法对式（3 - 22）进行运算时往往会将数值较小的项 $\Delta\varphi_2$ 进行忽略处理，从而使运用相角偏差进行相关的计算时产生一定误差。

3.6.4　三相不平衡对相量测量装置的影响

在低压配电网中，由于单相负荷所占比例大，负荷使用的随机性高，往往引起配电网三相负荷不平衡，配电网微型相量测量单元的输出量不仅包括正序分量还包含负序和零序分量。在多数情况下，频率偏差和轻微的三相不平衡可以通过频率调节或负荷补偿技术来减轻。然而，当频率偏差和不平衡严重时会导致停电等事故。因此，配电网同步相量测量单元的测量算法需要考虑配电网三相不平衡突出的特性，从而对配电网稳定、高精度的实时监测系统的研究提供基础。

标准 IEEE C37. 118. 31 中对输电网 PMU 的性能测试作了要求，但忽略了一些重要的操作条件，特别是当三相系统发生不平衡时，同步相量测量性能与不平衡度的关系。此外，目前还很少有文献介绍三相电压或电流不平衡对同步相量测量性能的影响。因此，本节就系统不平衡对配电网同步相量测量算法的影响展开了研究，包括对相量、频率和频率变化率（ROCOF）估计值的影响，并通过解析式进行分析。

为了模拟三相不平衡现象，根据有关文献中的方法将某相的幅值和相位偏移得到三相不平衡测试信号，三相正弦信号 X_a，X_b，X_c 在任意频率 f_1 下各自的相量表达式为

$$\begin{vmatrix} \overline{X}_a \\ \overline{X}_b \\ \overline{X}_c \end{vmatrix} = \begin{vmatrix} X_a e^{j\varphi_a} \\ X_b e^{j\varphi_b} \\ X_c e^{j\varphi_c} \end{vmatrix} = \begin{vmatrix} (1 + k_x) e^{jk_a} \\ \overline{\alpha}^2 \\ \overline{\alpha} \end{vmatrix} \overline{X} \qquad (3-48)$$

式中：$\overline{\alpha} = e^{j2\pi/3}$，$k_x$，$k_a$ 分别为幅值和相位不平衡系数，使用对称分量变换可以得到正序、负序和零序相量表达式

$$\begin{vmatrix} \overline{X}_+ \\ \overline{X}_- \\ \overline{X}_0 \end{vmatrix} = \frac{1}{\sqrt{3}} \begin{vmatrix} 1 & \overline{\alpha} & \overline{\alpha}^2 \\ 1 & \overline{\alpha}^2 & \overline{\alpha} \\ 1 & 1 & 1 \end{vmatrix} \cdot \begin{vmatrix} X_a \\ X_b \\ X_c \end{vmatrix} = \begin{vmatrix} [(1 + k_x) e^{jk_a} + 2]/3 \\ [(1 + k_x) e^{jk_a} - 1]/3 \\ [(1 + k_x) e^{jk_a} - 1]/3 \end{vmatrix} \sqrt{3}\overline{X} \qquad (3-49)$$

由于负序和零序相量完全相同，利用对称分量逆变换和 Steinmets 逆变换，可以得到以对称分量形式表示的时域测试信号

$$\begin{vmatrix} x_a(t) \\ x_b(t) \\ x_c(t) \end{vmatrix} = \frac{1}{\sqrt{2}}\left[\begin{vmatrix} \overline{X}_a \\ \overline{X}_b \\ \overline{X}_c \end{vmatrix} e^{j\omega_1 t} + \begin{vmatrix} \overline{X}_a^* \\ \overline{X}_b^* \\ \overline{X}_c^* \end{vmatrix} e^{-j\omega_1 t} \right] \qquad (3-50)$$

其中，* 表示共轭；X_a，X_b，X_c 的表达式如下

$$\begin{vmatrix} \overline{X}_a \\ \overline{X}_b \\ \overline{X}_c \end{vmatrix} = \frac{1}{\sqrt{3}} \begin{vmatrix} \overline{X}_+ + \overline{X}_- + \overline{X}_0 \\ \bar{\alpha}^2 \overline{X}_+ + \alpha \overline{X}_- + \overline{X}_0 \\ \bar{\alpha} \overline{X}_+ + \bar{\alpha}^2 \overline{X}_- + \overline{X}_0 \end{vmatrix} \qquad (3-51)$$

基于空间向量变换的同步相量测量算法来分析不平衡系统下的相量测量精度，该算法的性能取决于五个数字滤波器，其不平衡情况下的测量精度可以用简单的解析表达式来表示。系统额定角频率 ω_0 下的空间向量 $\overline{X}$ 为

$$\overline{X}(t) = \sqrt{\frac{2}{3}} \begin{vmatrix} 1 & \bar{\alpha} & \bar{\alpha}^2 \end{vmatrix} \begin{vmatrix} X_a \\ X_b \\ X_c \end{vmatrix} e^{-j\omega_0 t} \qquad (3-52)$$

将式（3-49）和式（3-50）代入式（3-52），得到以对称分量形式表示的空间向量 $\overline{X}$ 的表达式

$$\overline{X}(t) = (\overline{X}_+ e^{j\omega_1 t} + \overline{X}_-^*) e^{-j\omega_0 t} \qquad (3-53)$$

由此可见，空间向量 $\overline{X}$ 不受零序的影响。其中，负序分量可以看作是以负角频率 $-\omega_1$ 为特征的谐波干扰。

根据 M 类相量测量算法，利用正交振荡器在额定角频率 ω_0 下对信号进行解调，结合式（3-50），可以得到解调后的三相信号 $\overline{X}_{a,d}$，$\overline{X}_{b,d}$，$\overline{X}_{c,d}$

$$\begin{vmatrix} \overline{X}_{a,d}(t) \\ \overline{X}_{b,d}(t) \\ \overline{X}_{c,d}(t) \end{vmatrix} = \frac{1}{\sqrt{2}}\left[\begin{vmatrix} \overline{X}_a \\ \overline{X}_b \\ \overline{X}_c \end{vmatrix} e^{j(\omega_1 - \omega_0)t} + \begin{vmatrix} \overline{X}_a^* \\ \overline{X}_b^* \\ \overline{X}_c^* \end{vmatrix} e^{-j(\omega_1 + \omega_0)t} \right] \qquad (3-54)$$

通过以频率响应函数 $\overline{H}'(j\omega)$ 为特征的低通滤波器 $\overline{H}'$ 可以得到基准相的同步相量的值，其中，基准相 p 的相量估计值为

$$\overline{X}_{p,e}(t) = \left[1 + \frac{\overline{H}[-j(\omega_1 + \omega_0)]}{\overline{H}[j(\omega_1 - \omega_0)]} e^{-j2(\omega_1 t + \varphi_p)} \right] \overline{H}[j(\omega_1 - \omega_0)] \overline{X}_p e^{j(\omega_1 - \omega_0)t} \qquad (3-55)$$

式中：$\overline{H}(j\omega) = \overline{H}'(j\omega)/\sqrt{2}$，式（3–55）经对称分量变换可以得到正序相量，结合式（3–51），可以进一步得到以对称分量形式表示的正序相量估计值表达式

$$\overline{X}_{+,e} = (1 + \overline{K}e^{-j2\omega_1 t})\overline{H}[j(\omega_1 - \omega_0)]\overline{X}_+ e^{j(\omega_1 - \omega_0)t} \tag{3–56}$$

$$\overline{K} = \frac{\overline{H}[-j(\omega_1 + \omega_0)]\overline{X}_-^*}{\overline{H}[j(\omega_1 - \omega_0)]\overline{X}_+} \tag{3–57}$$

由此可见，正序同步相量估计值中包含一个与负序分量幅值成比例的扰动，与零序分量无关。利用有限差分法来逼近正序相量 $\overline{X}_{+,e}$ 的导数可以得到系统的频率 f_1，经计算可以进一步得到最大频率偏差（$FE_{\max}$）、最大频率变化率偏差（$RFE_{\max}$）和最大相量总误差（$TVE_{\max}$）

$$FE_{\max} = 2Kf_1 \tag{3–58}$$

$$RFE_{\max} = 8\pi Kf_1 \tag{3–59}$$

$$TVE_{\max} = \left| [Hj(\omega - \omega_0) - 1] + KH[j(\omega_1 - \omega_0)] \right| \tag{3–60}$$

可见 $TVE_{\max}$ 误差由两部分构成，第一部分为滤波器 H 的增益误差，第二部分误差与 K 成正比，即与负序分量的幅值有关。

前文对配电网同步相量测量算法的精度问题进行了分析，对比了美国 GPS 与我国 BDS 的授时性能，说明了 BDS 在我国配电网广域相量测量中应用的可能性；通过公式推导得到了时钟授时偏差对测量算法的误差影响；结合配电网负荷多样性导致频率波动严重的特点，分析了系统频率偏差对相量测量算法精度的影响；此外，针对配电网三相不平衡突出的问题，重点研究了三相不平衡对相量测量的影响。通过以上分析，为接下来研究配电网同步相量估计算法奠定了基础。

第 4 章

配电网常见故障定位技术及原理

4.1 PMU 与常见故障定位方法

随着现代电力系统规模的不断扩大，当输电线路因各种因素发生故障时，将对社会经济和人民生活造成严重影响。输电网络在运行时容易发生单相接地故障、两相短路故障、两相接地故障、三相短路故障等各式故障，如果处理不及时，将会对输电网络造成影响，并产生很大的损失。因此，如何快速准确的找出故障位置，并将其快速排除，是保证输电网络安全稳定运行的重要前提。本文基于 PMU 量测数据的基础上提出同步双端故障定位算法，并与双端不同步数据测距算法进行比较，得出基于 PMU 双端同步量测数据的故障定位算法可以对输电线路各种故障类型进行故障定位，并有较高的精度。

目前，PMU 装置已应用于 500kV 输电线路中。由于 PMU 接收的信号与 GPS 卫星同步，因此使得 PMU 的量测数据具有全网统一基准。此外，根据以往研究结果表明，相同时标下的同步量测数据得到的故障测距结果不受过渡电阻的影响，且在各种运行方式下均有良好的适应性。因此，基于 PMU 双端同步数据的故障定位能够极大程度上提高定位准确度。

常见故障定位方法其中一种基于 PMU 的大型输电网络故障检测与定位算法。该算法首先使用故障总线缩小搜索范围，加快搜索进程，然后搜索区域内的全部输电线路，最后通过故障定位算法和故障定位指标对故障相和故障线进行识别。有基于高斯原子库的匹配追踪分解算法。首先对 PMU 实时同步测得的电压和频率信号进行特征提取和分类，然后利用频率信号时频特性训练不同的故障模型，最后利用电压信号时频特性及电网拓扑信息生成故障定位图，确定故障地点和类型。此外还有一种基于少量 PMU 配置的故障定位方法。首先对故障模型进行等效，然后利用计算得到的系统等效阻抗矩阵进行故障定位便可以得到定位结果，该方法不受系统运行方式和振荡的影响。另外，使用 PMU 的同步实时测量功能，对多端输电线路进行故障测距。首先通过测量得到的同步数据由区域判断指标区分故障分支，然后将非故障分支进行合并，简化得到双端故障定位模型，最后利用双端故障定位方法得到定位结果。比如利用 PMU 得到电压电流相量测量值，通过迭代确定候选故障位置，并使用远程设备消除所有非故障情况，该方法可以应用于有源和无源网络，且不受测量装置位置的限制。比如通过 PMU 采集同步频率信号和电压信号，根据电压信号时频特性及电网拓扑信息，得到故障定位图和确定的故障点。以上论述都是基于 PMU 实时测量得出的电压、电流数据进行故障定位的，其通常要求在输电线路的两端配置 PMU，甚至全面配置 PMU。

本书提出了一种基于 PMU 量测数据的输电网故障定位方法。并通过线路参数在线估计的方法，减少了因为线路长度及外界因素波动对测距准确度的影响。同时引入非同步故障定位方法与该算法比较。并通过 PSCAD 软件搭建仿真模型，模拟线路在各种不同参数情况下的运行状态，验证了基于 PMU 的双端同步测量算法对各种故障情境的适应性良好，且基本不受过渡电阻、故障位置、系统运行方式等因素的影响，具有一定的经济性和实用性。

4.2　μPMU 的结构和数据记录形式

4.2.1　μPMU 的基本结构

配电网同步相量测量的相关研究有助于解决当前配电网所面临的各种挑战。应用于输电网中的传统 PMU 体积庞大，安装复杂且价格昂贵，无法满足配电网大面积配置的要求，从而阻碍了同步相量测量在配电网中的应用和发展。因此，有必要研究一种微型化，安装灵活且能大面积配置的配电网 μPMU。

本实验室也对微型同步相量测量装置 μPMU 进行了相关研究，实际完成的装置如图 4 - 1 所示。

图 4 -1　装置硬件实物图

装置的硬件架构包括全球定位系统授时模块、微控制器模块、过零检测模块、电能监测模块、故障录波模块、通信和人机接口模块等。图4-2为本实验室所研究的μPMU硬件架构示意图，该装置通过各模块间的协作来对各个电量进行采集计算和显示。

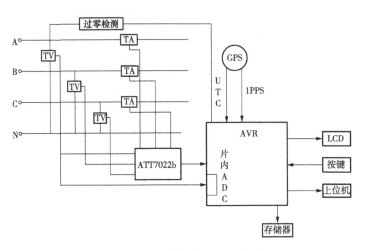

图4-2　系统整体架构示意图

装置的软件开发和程序编写是基于ICCAVR7.14C和AVRStudio4编程仿真软件进行的。装置的微控制器部分采用AVR单片机中的ATmega64芯片，其中相量测量的计量芯片选用功能强大、成本低廉的ATT7022B，利用NEO-7m型号的GPS模块来授时，在互感器前取信号，采用光耦隔离的过零检测电路，将待测信号经互感器变化后接入STM32片内ADC作数模转换。当电网发生故障时，故障数据能被识别并打上故障时的时间标签，然后存入存储器内进行事故分析。由于所需存储的数据量庞大，该装置还配备了16G的工业SD卡来对数据进行片外扩展存储。装置配备的12864 LCD液晶显示器可以实时对测得的电气量进行显示，包括当前的国际标准时间UTC（Coordinated Universal Time）、相量及综合电能监测的电量，在显示器下设计了5个按键来分别对A、B、C三相以及合相的数据进行控制显示。通过HL-340串口转USB数据线将装置与笔记本等上位机连接，并经串口将所测数据实时的发送到上位机上，最后通过串口调试工具与上位机完成通信。

表4-1对传统PMU和μPMU进行了综合对比。

表 4 - 1   传统 PMU 与 μPMU 综合对比

类别	传统 PMU	μPMU
成本	150000 ~ 200000 元/台，不包含安装成本	传统 PMU 的 10% ~ 20%，无安装成本
授时系统	单一 GPS	GPS/BDS 双备用
通信系统	光纤电力专线	无须专用通信通道
相别	三相	三相/单相
安装地点	变电站，电厂高压母线	配电网，低压系统

μPMU 利用全球定位系统 GPS 提供的同步信号进行测量，一种典型的 μPMU 装置结构如图 4 - 3 所示。

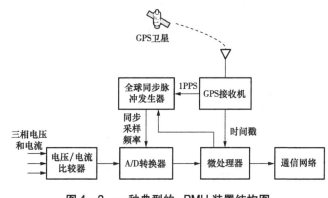

图 4 - 3   一种典型的 μPMU 装置结构图

GPS 接收机接受 GPS 的同步时间信号，为全球同步脉冲发生器提供一个秒脉冲信号（1PPS），为微处理器提供一个时间戳，这里的时间既可以是国际标准时间也可以是当地时间。电网中的三相电压电流信号通过比较器转化为等比例较小的信号后，通过 A/D 转换器将模拟信号转化为数字信号，其中 A/D 转换器的同步采样频率由全球同步脉冲器提供，再将得到的数字信号经过微处理器处理加工并打上时间戳得到满足国际标准格式的同步相量数据，通过通信网络传输到位于调度中心的中央控制中心。电力系统中各个 μPMU 在时间上保持同步，能够获得各母线电压相量，使各个状态量之间的相量关系能更加直观地表现出来，这是跟传统的远动终端装置（remote terminal unit，RTU）最大的区别。

本实验室自 2013 年起就开展了对于微型同步相量测量装置 μPMU 的研究，并通过不懈努力开发出 μPMU 的样机，如图 4 - 4 所示。

图 4 - 4   实验室开发的 μPMU 装置样机

μPMU 硬件架构主要由 GPS 授时模块、过零检测模块、微控制器模块、电能监测模块、故障录波模块、通信和人机接口模块等部分组成。实验室研制的 μPMU 整体结构示意图如图 4 - 5 所示。

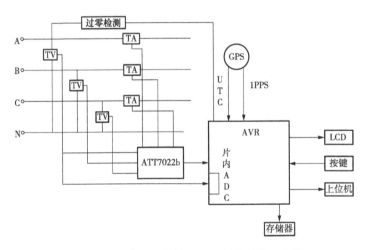

图 4 - 5   实验室研制的 μPMU 整体结构示意图

4.2.2   μPMU 的数据记录形式

μPMU 测量记录的数据分为动态存储数据和暂态录波数据两大类，下面分别对两种数据进行简单介绍。

1. 动态存储数据

电网系统无论是在稳定运行，还是发生故障或其他不正常运行的状态下，同步相量测量装置都会进行动态存储数据的连续记录。动态数据文件以 1min 为单位进行记录、存储与传输。记录速率为 100 次/s，即采样间隔为 10ms，至少保存 14 天。动态存储数据自动循环记录，安全性高，不因直流电源中断而造成数据丢失，且不因外部访问或人工操作而删除或修改记录数据。因此，动态存储数据能实时、真实地反应电网的各类运行状态。

实际电网中的 μPMU 动态数据存储记录形式为时间、站名、线路名称、A 相电压幅值、A 相电压相角、B 相电压幅值、B 相电压相角、C 相电压幅值、C 相电压相角、正序电压幅值、正序电压相角、A 相电流幅值、A 相电流相角、B 相电流幅值、B 相电流相角、C 相电流幅值、C 相电流相角、正序电流幅值、正序电流相角、有功功率、无功功率。

2. 暂态录波数据

由于故障录波数据庞大，所以与动态存储数据不同，μPMU 装置并不是每时每刻都在进行故障录波，只有在以下异常情况出现时才会启动录波：

（1）频率越限；

（2）频率变化率越限；

（3）正序电压、相电压过低；

（4）ABC 三相的电压电流过高；

（5）正负零三序电压电流过高；

（6）线路功率振荡；

（7）发电机功率越限等。

暂态录波数据是 μPMU 装置所测量记录的通道瞬时值。对装置的采样率有很高的要求，采样率应该大于 4800Hz，并且故障录波的存储格式应该满足电力系统瞬态数据交换的通用格式 COMTRADE（Common format for transient data exchange）的规定。主要包括：ABC 三相基波电压电流幅值的实测波形和基波正序电压电流幅值的实测波形。

4.3 同步相量测量的原理

4.3.1 同步相量测量的基本原理

由上节同步相量测量的定义可知，如果想得到系统某一测量点在某时刻信号的相量值，首先需要对被测信号进行同步采样，然后采用相应的相量测量算法求出该时刻信号相对于信号幅值时所对应参考点的相位偏差。但这种自身波形内绝对相角的求解对电网的稳定分析并没有意义，电网监测中需要的是所有测量点在同一时刻下的相量测量的相对值。而要获得相量的相对值，要求各测量点处相量计算时的时间参考点要保证统一和同步，即需要保证1PPS秒脉冲具有同步性，也就是需要保证各异地测量点间本地时钟的同步。

如图4-6所示，如果系统中两个独立测量点处的被测信号分别为 $x_1(t) = \sqrt{2}X\cos(\omega_0 t)$ 和 $x_2(t) = \sqrt{2}X\cos(\omega_0 t + \pi/4)$，且两个测量点处均配备被 GPS 同步的本地时钟。令 $t = 0$ 时刻系统接收到1PPS秒脉冲信号时两测量点处的相量分别为 $\vec{X_1}$ 和 $\vec{X_2}$，则以上两测量点处因时间参考点的统一性和统一时标的同步性，使得 $\vec{X_1}$ 和 $\vec{X_2}$ 两相量可表示在同一坐标系中，且 $\vec{X_1}$ 滞后于 $\vec{X_2}$ 45°，即两测量点间的相角差为45°。

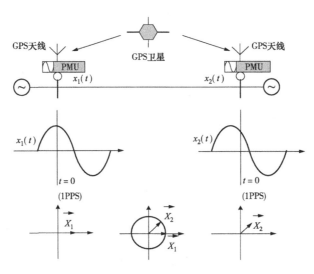

图4-6　同步相量测量原理图

因此，同步相量测量只有同时做到保证异地时钟的同步和保证对相量本地绝对相角的计算，才能对全网的同步相量进行精确测量。

4.3.2　同步相量测量原理

配电网同步相量测量算法的研究是开发配电网 μPMU 的理论前提，它包括电压电流的幅值、相角及系统频率计算。目前，同步相量测量中比较经典的算法包括：过零检测法、离散傅里叶变换法、瞬时值法、数字微分法、小波变换法等。其中，过零检测法和离散傅里叶变换法的应用较多，下面对几种常见的算法做简单介绍。

（1）过零检测法。过零检测法是同步相量测量中应用较早的算法，其原理是利用整形电路及门技术准确检测、指示出信号过零点所处的位置。以正弦信号为例，由于正弦信号在过零点处的过渡时间最短，其瞬时变化率最大。因此，在过零点处检测信号相角的灵敏度和精确度最高。

正向过零检测法的原理如图 4－7 所示。首先，过零检测法需要提供 50Hz 标准频率的脉冲信号，一般由本地时钟生成。本地时钟由高频的高稳晶振维持，分辨率高，所生成的标准脉冲精度高且稳定，且本地时钟由 GPS 同步，故异地标准脉冲具有良好的同步性。因此，将标准脉冲送入鉴相逻辑电路后可以作为相角计算的参考源。其次，过零检测法需要带通滤波器滤除被测信号的杂波，保留其工频分量，由过零触发整形电路在信号正向过零点处发出触发脉冲。最后，把与被测信号同步的方波信号送入鉴相逻辑电路进行相位比较。

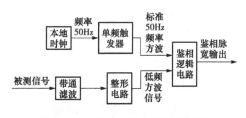

图 4－7 正向过零检测法的原理

过零检测相角计算的波形原理图如图 4－8 所示。波形 a 为标准频率脉冲，b 为与被测信号同步的整形方波，c 为被测信号的正弦波形。标准脉冲上升沿与整形方波上升沿间存在的时间差即为被测信号过零点与标准频率脉冲信号上升沿间的时间差，设为 Δt。如果令被测信号的频率为 f，则标准频率脉冲时刻对应时标下被测信号的相角为

$$\delta = \Delta t 2\pi f$$

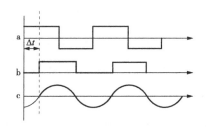

图 4－8 过零检测相角计算的波形原理图

此方法只能对母线电压的频率和相位进行测量，在实际应用中还需要与其他方法配合来测量电压的幅值。且该方法的理论基础是电网频率恒定，其采样数据很大程度上受高次谐波和系统噪声的干扰，在线计算能力一般。且过零检测法在正负序变换上需借助硬件来完成，在实际电路中的误差还取决于电路运行时外部环境的温湿度。

（2）离散傅里叶变换法。在电网信号数据处理时多采用离散傅里叶变换法（DFT）。其总体思想为：同步相量测量装置将 GPS 的时间信号作为统一时标，处理器内部时钟信号和 GPS 全球同步秒脉冲保持一致，通过秒脉冲的边沿触发来对各周期第一次相量量测的采样时刻进行校正，保证误差不超过 100ns。利用该方法能得到工频信号的相量与其 DFT 基波分量的关系

$$\vec{X} = \frac{1}{\sqrt{2}} j\vec{X}_1 = \frac{1}{\sqrt{2}}(X_s + jX_c) = \frac{\sqrt{2}}{N}\sum_0^{N-1} X_k \sin\frac{2\pi}{N}k + j\frac{2\pi}{N}\sum_0^{N-1} X_k \sin\frac{2\pi}{N}k = X_R + jX_I \quad (4-1)$$

其幅值和相角各自为

$$X = \sqrt{X_R^2 + X_I^2}, \quad \varphi = \arctan\frac{X_I}{X_R} \quad (4-2)$$

此法能对高次谐波进行处理和滤除，且比较容易设计，是相量量测领域不可或缺的优秀算法。对于我国 50Hz 的系统标称频率，如果采样结果与 DFT 的假设吻合，则该方法能比较精确的计算出系统相量值。但电力系统即便稳态运行其频率也是在工频附近波动，从而使得 DFT 计算的相量结果分为同步和非同步采样两种类型。如果每个点对周期为 T 的工频相量都作等间隔采样，同步采样应满足

$$t_{i+1} - t_i = T_s \quad (4-3)$$

$$T = NT_s \quad (4-4)$$

式中：T_s 为采样时间间隔；N 为数据个数。

式（4-3）说明同步采样的频率必须相同，式（4-4）说明采样频率应为系统原始频率的 N 倍。只有满足以上关系利用 DFT 法才能得到精确的相量值，但是 DFT 的计算精度会随电网频率波动而发生变化。当采样频率与系统频率不满足整数倍关系时得到的异步相量测量结果会发生混叠现象，如果不加补偿，真实频率即便与工频有极小的偏差也会使计算结果出现较大误差，从而无法精确的计算出此时系统的相量值。

（3）小波变换法。小波变化法利用时频标尺函数来实现对变化波形的采样，避免了 DFT 法与频率不相关的弊端，其对时频性能的改善效果比较理想。该算法依靠小波

函数的正确性，虽然自适应修正适用于很多小波包，但要想计算结果与想要结果一致，需要忽略计算的速度和效率。

4.4 基于 PMU 量测数据的故障定位算法与改进

4.4.1 同步相量故障定位算法

对配电网故障快速、准确的定位，不仅有助于修复线路和保证可靠供电，而且对保证整个电力系统的安全稳定和经济运行都有十分重要的作用。许多学者对配电网的故障定位问题做了大量研究，现阶段故障定位的方法大体可以分为阻抗法、行波法和信号注入法三种。阻抗法的故障测距原理是假定线路为均匀传输线，在不同故障类型条件下计算出的故障回路阻抗或电抗与测量点的距离成正比，从而通过计算故障时测量点的阻抗或电抗值除以线路单位阻抗或电抗值得到测量点到故障点的距离。行波法根据行波传输理论，无论是相间短路故障还是单相接地故障，都会产生向线路两端传播的行波信号，利用线路测量端捕捉到的行波信号可以实现各种类型的短路故障的测距，配电网采用在故障发生后由装置发射高压高频或直流脉冲信号，根据高频脉冲装置至故障点往返时间进行定位。信号注入法是在配电网络系统的线路由于一些因素发生故障之后，向发生故障的电网线路系统中注入检测信号，然后通过在可监测点测量特定的检测信号来进行故障定位，大体可以分为 S 信号注入法和脉冲信号注入法等几类。

（1）阻抗法。阻抗法的原理简单，当电网故障发生故障后，故障回路的阻抗值会发生变化，计算得到故障时故障回路的阻抗值，该阻抗值与故障距离成正比，距离越长阻抗值越大，距离越短阻抗值越小。因此，只要知道均匀传输线路的单位阻抗值和故障后的电压电流相量就可以简单的确定故障点的位置。但是该方法容易受电源参数变化和线路负荷阻抗的影响，精度不高。

到目前为止，在输电网中已经出现了很多基于阻抗的故障定位方法，主要分为单端和双端两种算法，相对比较成熟。单端阻抗算法就是基于单端的智能电表设备量测到的电压电流数据进行故障定位；双端阻抗算法就是基于双端的智能电表设备量测到的电压电流数据进行定位。而在配电网中的应用相对输电网来说还是很成熟，很有一定的发展空间。

（2）行波法。在 20 世纪 50、60 年代，对于行波法的研究就已经开始了。直到上世纪末期，随着故障录波装置在电网中的面积配置，行波法故障定位技术得到了更快的发展。目前，行波法主要分为 A、B、C、D、E、F 型等 6 种方法，如图 4 - 9 所示。它们的区别主要是定位类型和使用的特征量不同，其中 A、C、E、F 型 4 种类型属于单端测量法，B、D 两种类型属于双端测量法。

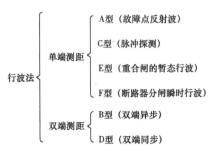

图 4 - 9　行波法的分类

　　行波在线路波阻抗发生变化的点会发生折反射现象。单端行波法便是利用故障初始行波和经故障点反射回来的波的时间差来计算故障距离。当发生故障时行波会沿着线路向两端同时传输，双端行波法就是在线路两端使用行波识别装置进行行波波头的识别，使用行波到达两端的时间差来计算故障距离。B、C 型两种行波方法需要另外装设脉冲和信号发生装置才能进行具体定位，这带来了另外的不菲投入，其中 B 型需要专门架设通信线路，而 C 型往线路里注入的信号会受到各种因素的影响，现阶段这两种方法已经被淘汰。而 E 型行波法具有局限性，不能测量瞬时型短路故障，因此应用面较窄。近些年，A、D 型两种行波法的研究称为主流。A 型为通常所说的单端行波法，原理简单，仅需在线路一端装设行波检测装置，投资较小。但由于故障初始波、第一次反射行波和对端母线反射的行波等难以区分，这就为测距带来了极大困难。D 型为通常说的双端行波法，需要在线路两端均装设行波检测装置，还需 GPS 时间同步设备，这大大增加了投资，但是由于不用区分单端法所提的几种行波，使得测距精度较高。

　　A 型行波法的原理如图 4 - 10 所示

　　对于如图 4 - 10 所示的线路 MN，行波检测装置安装于 M 处，当在线路上 F 点发生故障时会出现行波向 MN 两端传输，当行波第一次到达 M 点时记录时间 t_1，行波再经过在 M 点和 F 点两次反射，第二次到达 M 点时记录时间 t_3。则故障点到 M 点的距离为

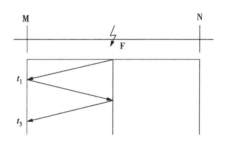

图4-10 A型行波法原理示意图

$$D_{MF} = \frac{1}{2}v(t_3 - t_1) \qquad (4-5)$$

式中：v 为行波传输速度。

由式（4-5）可知，A型行波法仅需要在线路一端装设行波检测装置对行波进行检测，原理简单，比较经济。但是当网络结构复杂、行波的折反射次数增多时，会难以分辨出故障初始行波和第一次反射行波，从而引起定位失败。在输电网中，由于网络结构简单，故障反射波识别相对容易，A型行波法可以适用，但是配电网结构复杂，分支较多，具有很多波阻抗不连续的点，便造成了行波的多次折反射，难以识别，使定位失效。因此，A型行波法主要应用于输电网之中，在配电网中应用较少。

D型行波法原理如图4-11所示。

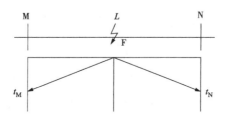

图4-11 D型行波法原理示意图

对于如图4-11所示的线路MN，行波检测装置安装于MN两端，当线路上F点发生故障时，会同时出现向两端传输的行波信号，他们的传输速度相同。当行波信号分别到达MN两端时，分别记录到达时刻 t_M 和 t_N，则故障点到MN两端的距离为

$$\begin{cases} D_{MF} = \frac{1}{2}[v(t_M - t_N) + L] \\ D_{NF} = \frac{1}{2}[v(t_N - t_M) + L] \end{cases} \qquad (4-6)$$

式中：D_{MF} 为故障点距M点的距离；D_{NF} 为故障点距N点的距离；L 为线路长度。

由式（4-26）可知，D 型行波法需要在线路两端分别安装行波检测装置对行波信号进行检测，只需要识别第一次到达 MN 的时刻，不需要识别反射波到达的时刻。该方法定位更加准确，但是需要的设备相对 A 型多，投资较大。由于定位需要 MN 两端的检测数据，两端的测量数据必须同步，才能对故障位置进行精确定位，如果两端数据不同步，则很难实现故障定位。由于 GPS 技术的飞速发展，两端数据的同步问题基本得到解决。因此，在配电网中应用 D 型行波法进行故障定位更具有优势。

（3）信号注入法。当配电网发生故障时，向故障线路注入检测信号，通过跟踪和分析检测信号的路径和特征对故障进行定位，具有定位速度快、设备成本低的优点，在中低压配电网中应用广泛。注入信号法的基本原理如图 4-12 所示。

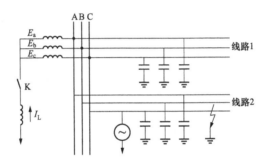

图 4-12　注入信号法原理示意图

当配电网发生单相接地故障时，线路的零序电流可以通过电压互感器开口三角形绕组进行测量。对于注入的检测信号，线路的对地容抗很大，相比较而言线路的感抗、电源变压器绕组阻抗和接地变压器绕组阻抗很小，可以忽略，因此三相母线可以当做短接状态。以图 4-12 为例，在注入检测信号后，网络的等效电路如图 4-13 所示。

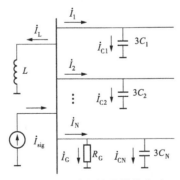

图 4-13　注入信号等效电路

R_G —过渡电阻

为了方便分析，将图 4 - 13 中的所有电容支路进行合并，继续简化电路，可以得到图 4 - 14。

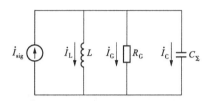

图 4 - 14　注入信号的简化等效电路

由基尔霍夫电流定律和并联分流原理，可以列出图 4 - 14 简化等效电路中所有支路电流方程为

$$I_{sig} = I_L + I_G + I_C$$

$$\begin{cases} I_L = I_{sig} \dfrac{R_G}{R_G - R_G \omega^2 L C_\Sigma + j\omega L} \\[2mm] I_G = I_{sig} \dfrac{j\omega L}{R_G - R_G \omega^2 L C_\Sigma + j\omega L} \\[2mm] I_C = I_{sig} \dfrac{-R_G \omega^2 L C_\Sigma}{R_G - R_G \omega^2 L C_\Sigma + j\omega L} \end{cases} \qquad (4-7)$$

式中：ω 为注入信号的角频率。

考虑到配电网中各种谐波和噪声影响，提高定位的准确性，检测信号的频率取值应为

$$\omega = m\omega_1, \; m \in (N, N+1) \qquad (4-8)$$

式中：N 是配电网正常运行时的角频率，取正整数。

对于图 4 - 14 所示的简化等效电路，考虑两种情况进行分析。当该故障为金属性故障时，即过渡电阻 R_G 为零时，由式（4 - 7）可以看出，I_L 和 I_C 两个电流为零，即检测信号并未流过消弧线圈和对地电容回路，网络中非故障线路的电流均为零，检测信号仅从故障线路流入接地点。当该故障为非金属性接地，即过渡电阻 R_G 不为零时，四个电流的相位关系如图 4 - 15 所示。

消弧线圈的感抗和分布电容的容抗都是随频率的变化而变化的。检测信号的频率越高消弧线圈的感抗越大，相应的电流越小；分布电容的容抗越小，相应的电流越大。由图 4 - 15 可知，当检测信号的幅值保持不变时，过渡电阻分得的电流就越小。因此，

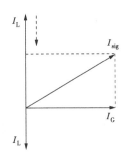

图 4 - 15   各电流信号的相量图

为了提高检测的精度，应该降低检测信号的频率，减小对地电容容抗电流的分流作用，使流入接地点过渡电阻的电流变大。在实际电网中，为了减小工频和其谐波对检测信号的影响，检测信号的频率取值范围应该在 50Hz 的 N 次谐波和 $N+1$ 次谐波之间。

在配电网实际运行当中，中性点非有效接地网络发生单相接地故障时，大部分故障都是暂时性故障，在故障时击穿绝缘电弧接地，在停电后电弧消失绝缘慢慢恢复，通过上述注入信号法便无法确定故障位置。在上述情况下，可以对接地线加载 50Hz 的交流高压信号，使故障点绝缘重新击穿，再注入检测信号进行故障定位。为了确保接地点能够再一次被击穿，交流高电压的幅值该比故障前的线路电压更高。交流高压信号等效电路如图 4 - 16 所示。

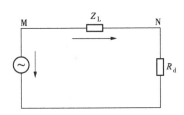

图 4 - 16   交流高压信号等效电路

在故障接地点再一次被外加交流高压击穿后，注入检测信号，对检测信号进行跟踪分析判断故障点位置。在这种情况下，发生故障的配电网线路中流过的电流可以分解为交流检测信号和恒定直流信号，如图 4 - 17 所示。只有确保线路中一直有电流流动才能快速地对检测信号进行跟踪分析，即要求故障线路中的电流不能中断，所以恒定直流 I_d 应该大于交流检测信号有效值 I 的 $\sqrt{2}$ 倍。

4.4.2　双端不同步数据测距算法

由于 500kV 输电网 PMU 装置还没有大面积普及，目前大量已经联网的故障录波系

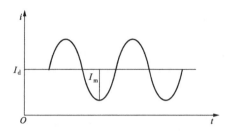

图 4 - 17　恒定直流与交流信号的关系

统在输电网中仍占据重要位置。因为经故障录波器采集的数据不具有同步性，没有办法直接代入基于同步数据的两端故障定位算法中进行计算。为此，本小节提出双端不同步数据测距算法。同样根据故障录波装置测得的线路故障前电气量数据进行线路参数的在线计算，然后再利用故障后录波装置测量得到的故障数据进行测距。由于故障录波装置测得的两端电压、电流数据不同步，因此设不同步角度为 δ，同时计及线路参数误差的影响，则可以列成如下方程式

$$\dot{U}_{\text{G}}\text{e}^{\text{j}\delta} = \dot{U}_{\text{H}}\cosh(1 + \alpha)\gamma l - \dot{I}_{\text{H}}Z_{\text{c}}\sinh(1 + \alpha)\gamma l \tag{4 - 9}$$

$$\dot{I}_{\text{G}}\text{e}^{\text{j}\delta} = \dot{U}_{\text{H}}\sinh(1 + \alpha)\gamma l / Z_{\text{c}} - \dot{I}_{\text{H}}\cosh(1 + \alpha)\gamma l \tag{4 - 10}$$

式中：$\dot{I}_{\text{G}}$、$\dot{U}_{\text{G}}$ 分别表示 G 端故障前的电流、电压相量；$\dot{I}_{\text{H}}$、$\dot{U}_{\text{H}}$ 分别表示 H 端故障前的电流、电压相量；l 为线路全长；γ 为该条输电线路的传输系数；Z_{c} 为特性阻抗，cosh、sinh 分别为双曲余弦、双曲正弦函数。以上参数均为已知量，未知量为误差归算系数 α 和不同步角度 δ。

对式（4 - 10）、式（4 - 11）进行联立求解可得误差归算系数

$$\alpha = \frac{1}{\gamma l}\text{arctanh}\,\frac{\dot{I}_{\text{H}}\dot{U}_{\text{G}} + \dot{I}_{\text{G}}\dot{U}_{\text{H}}}{\dfrac{\dot{U}_{\text{H}}\dot{U}_{\text{G}}}{Z_{\text{c}}} + \dot{I}_{\text{H}}\dot{I}_{\text{G}}Z_{\text{c}}} - 1 \tag{4 - 11}$$

将式（4 - 12）求得的 α 代入式（4 - 10）中，可以求得两端不同步角度为

$$\delta = \arg\frac{\dot{U}_{\text{H}}\cosh(1 + \alpha)\gamma l - \dot{I}_{\text{H}}Z_{\text{c}}\sinh(1 + \alpha)\gamma l}{\dot{U}_{\text{G}}} \tag{4 - 12}$$

当线路在 F 点发生故障时，使用故障录波装置得到的 G 端和 H 端的数据列写方程可得

$$\dot{U}_{\text{F}} = \dot{U}_{\text{G}}\text{e}^{\text{j}\delta}\cosh(1 + \alpha)\gamma x - \dot{I}_{\text{G}}\text{e}^{\text{j}\delta}Z_{\text{c}}\sinh(1 + \alpha)\gamma x \tag{4 - 13}$$

$$\dot{U}_{\text{F}} = \dot{U}_{\text{H}}\cosh(1 + \alpha)\gamma(l - x) - \dot{I}_{\text{H}}Z_{\text{c}}\sinh(1 + \alpha)\gamma(l - x) \tag{4 - 14}$$

联立式（4-26）、式（4-29）可得

$$\left[\dot{U}_{G}\cosh(1+\alpha)\gamma x - \dot{I}_{G}Z_{c}\sinh(1+\alpha)\gamma x\right]e^{j\delta}$$

$$= \dot{U}_{H}\cosh(1+\alpha)\gamma(l-x) - \dot{I}_{H}Z_{c}\sinh(1+\alpha)\gamma(l-x) \quad (4-15)$$

将 $\cosh(\gamma x) = \dfrac{e^{\gamma x} + e^{-\gamma x}}{2}$，$\sinh(\gamma x) = \dfrac{e^{\gamma x} - e^{-\gamma x}}{2}$ 代入上式中，化简整理得

$$e^{2(1+\alpha)\gamma x} = e^{(2m+jn)x} = A + jB$$

$$= \frac{(\dot{U}_{H} - \dot{I}_{H}Z_{c})e^{(1+\alpha)\gamma l} - (\dot{U}_{G} + \dot{I}_{G}Z_{c})e^{j\delta}}{(\dot{U}_{G} - \dot{I}_{G}Z_{c})e^{j\delta} - (\dot{U}_{H} + \dot{I}_{H}Z_{c})e^{-(1+\alpha)\gamma l}} \quad (4-16)$$

在式（4-16）中，令 $(1+\alpha)\gamma = m + jn$，由两端复数的相角相等可得 $2nx = \arctan(B/A)$，进而化简得故障距离

$$x = \frac{1}{2n}\arctan\left(\frac{B}{A}\right) \quad (4-17)$$

由双端不同步故障测距算法的推导可知，先根据式（4-11）、式（4-12）在系统正常运行时的数据求出两端不同步角度 δ 和误差归算系数 α，再将求得的数据带入式（4-17）、式（4-14）中，求出线路的故障距离 x。该测距方法同时考虑了不同步角度和归算误差的影响，能相应提高线路测距的精度。

4.4.3　同步双端故障定位算法

令 $Z_{c} = \sqrt{R + j\omega L/(G + j\omega C)}$，$\gamma = \sqrt{(R + j\omega L)(G + j\omega C)}$ 分别表示线路的特性阻抗和传播系数。其中 R、G、L、C 分别表示为输电线路单位长度的电阻、电导、电感和电容。

当线路在 F 点发生故障时，根据 PMU 在 G 端和 H 端测得的量测数据分别从两侧列写故障点的电压 $\dot{U}_{F}$ 可得

$$\dot{U}_{F} = \dot{U}_{G}\cosh\gamma x - \dot{I}_{G}Z_{c}\sinh\gamma x \quad (4-18)$$

$$\dot{U}_{F} = \dot{U}_{H}\cosh\gamma(l-x) - \dot{I}_{H}Z_{c}\sinh\gamma(l-x) \quad (4-19)$$

由于故障点处的电压不能突然改变，所以从两边计算的电压相等。测距方程如下

$$\dot{U}_{G}\cosh\gamma x - \dot{I}_{G}Z_{c}\sinh\gamma x$$

$$= \dot{U}_{H}\cosh\gamma(l-x) - \dot{I}_{H}Z_{c}\sinh\gamma(l-x) \quad (4-20)$$

将 $\gamma = \alpha + \mathrm{j}\beta$, $\cosh(\gamma x) = (\mathrm{e}^{\gamma x} + \mathrm{e}^{-\gamma x})/2$, $\sinh(\gamma x) = (\mathrm{e}^{\gamma x} - \mathrm{e}^{-\gamma x})/2$ 代入式（4-20）中，化简整理得

$$\mathrm{e}^{2\gamma x} = \mathrm{e}^{2(\alpha + \mathrm{j}\beta)x}$$

$$= \frac{(\dot{U}_\mathrm{H} - \dot{I}_\mathrm{H}Z_\mathrm{c})\mathrm{e}^{\gamma l} - \dot{U}_\mathrm{G} - \dot{I}_\mathrm{G}Z_\mathrm{c}}{\dot{U}_\mathrm{G} - \dot{I}_\mathrm{G}Z_\mathrm{c} - (\dot{U}_\mathrm{H} + \dot{I}_\mathrm{H}Z_\mathrm{c})\mathrm{e}^{-\gamma l}} = A + \mathrm{j}B \tag{4-21}$$

由于 α 是实数，由模公式可得

$$\mathrm{e}^{2\alpha x} = \left| \frac{(\dot{U}_\mathrm{H} - \dot{I}_\mathrm{H}Z_\mathrm{c})\mathrm{e}^{\gamma l} - \dot{U}_\mathrm{G} - \dot{I}_\mathrm{G}Z_\mathrm{c}}{\dot{U}_\mathrm{G} - \dot{I}_\mathrm{G}Z_\mathrm{c} - (\dot{U}_\mathrm{H} + \dot{I}_\mathrm{H}Z_\mathrm{c})\mathrm{e}^{-\gamma l}} \right| \tag{4-22}$$

$$= \sqrt{A^2 + B^2}$$

由此得故障距离

$$x = \frac{0.25\ln(A^2 + B^2)}{\alpha} \tag{4-23}$$

同样利用虚部 β，可以求得另一故障表达式

$$x = \frac{1}{2\beta}\arctan\left(\frac{B}{A}\right) \tag{4-24}$$

实际高压输电线路 $R \ll X$，$G \ll \omega C$，因此由 $\gamma = \sqrt{(R + \mathrm{j}\omega L)(G + \mathrm{j}\omega C)}$ 可得，γ 的虚部比实部大得多，即 $\alpha \ll \beta$。因此，用式（4-24）进行故障计算时，其稳定性和精确度都要优于式（4-24）。所以采用式（4-24）进行故障测距。

由以上推导可知，基于分布参数模型的双端同步测距算法完全消除了因电容分布不均匀、过渡电阻变化等各种因素产生的误差，在与单端测距算法的比较中，其有无法比拟的优越性。

4.4.4　PMU 仿真算例比对

当 μPMU 检测到监测区域的测量阻抗发生突变时，判断监测区域发生故障，提取故障前后的故障录波数据进行故障类型识别。为了对配电网中 4 类短路故障进行分析，从每一种类型中选择一种故障来完成验证。在 PSCAD 中建立如图 4-18 的 10kV 局部配电网模型来产生 A 相接地短路故障（AG）、AB 两相接地短路故障（ABG）、AB 相间短路（AB）以及 ABC 三相短路故障（ABC）的暂态波形。2 台 μPMU 装置在 1、4 节点进行故障监测。其中在工频 50Hz 的条件下，线路主要参数为：线路正序电阻 r_1 =

$0.124\Omega/km$，零序电阻 $r_0 = 0.124\Omega/km$，正序电感 $L_1 = 0.2292mH/km$，零序电感 $L_0 = 0.6875mH/km$，正序电容 $C_1 = 250nF/km$，零序电容 $C_0 = 375nF/km$。

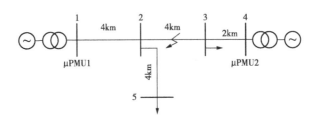

图 4 - 18　10kV 局部配电网模型

让系统在 0.35s 时发生各种类型故障，其中过渡电阻设置为 10Ω，故障位置为线路 2—3 中点。将节点 1 处安装 μPMU 测量到的三相电流和零序电流波形暂态数据导入 MATLAB 中进行 8 层小波分解，计算故障特征值。各种暂态信号数据经 8 层小波变换分解后的波形如图 4 - 19 ~ 图 4 - 22 所示。鉴于篇幅原因，此处只对 d_1 和 d_8 进行体现。

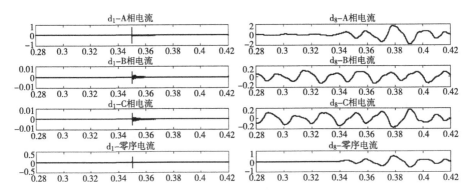

图 4 - 19　接地故障时小波分解 d_1、d_8 波形

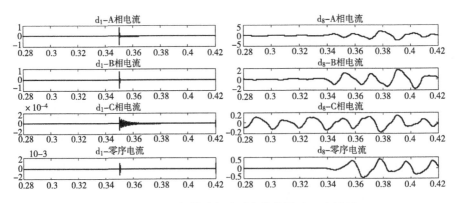

图 4 - 20　B 两相接地短路时小波分解 d_1、d_8 波形

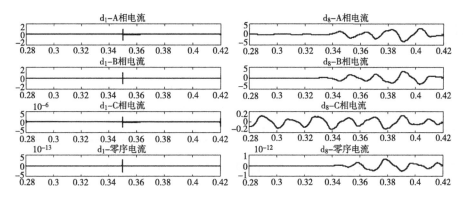

图 4 - 21　B 两相相间短路时小波分解 d_1、d_8 波形

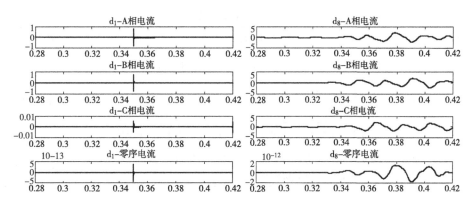

图 4 - 22　BC 三相短路时小波分解 d_1、d_8 波形

提取故障后四分之一周期内的小波分解数据，应用式（3 - 2）求取 4 种电流 I_A、I_B、I_C、I_0 各自对应的高频能量 E_A、E_B、E_C、E_0，再应用式（3 - 3）计算故障特征值 e_A、e_B、e_C、e_0，计算结果如表 4 - 2 所示。

表 4 - 2　　　　　　　　　　　4 种信号的故障特征值

故障类型	e_A	e_B	e_C	e_0
AG	1	0.1347	0.1272	0.0634
ABG	1	0.4078	0.0041	0.0538
AB	1	0.9283	0.0020	0
ABC	1	0.4475	0.6382	0

将表 4 - 2 中的故障特征值通过模糊逻辑进行模糊处理，求取 FPN 的初始状态，并存储到输入库所，其初始状态如表 4 - 3 所示。

表 4 - 3　　　　　　　　　　　　　　　　　　FPN 初始状态

故障类型	FPN 初始状态
AG	$\theta^0 = [1\ 0\ 0\ 1\ 0\ 1\ 1\ 0\ 0\ 0\ 0\ 0\ 0\ 0\ 0\ 0\ 0\ 0\ 0\ 0\ 0\ 0\ 0\ 0\ 0]^{\mathrm{T}}$
ABG	$\theta^0 = [1\ 0\ 0.7546\ 0.2454\ 0\ 1\ 1\ 0\ 0\ 0\ 0\ 0\ 0\ 0\ 0\ 0\ 0\ 0\ 0\ 0\ 0\ 0\ 0\ 0\ 0]^{\mathrm{T}}$
AB	$\theta^0 = [1\ 0\ 1\ 0\ 0\ 1\ 0\ 1\ 0\ 0\ 0\ 0\ 0\ 0\ 0\ 0\ 0\ 0\ 0\ 0\ 0\ 0\ 0\ 0\ 0]^{\mathrm{T}}$
ABC	$\theta^0 = [1\ 0\ 0.8241\ 0.1759\ 1\ 0\ 0\ 1\ 0\ 0\ 0\ 0\ 0\ 0\ 0\ 0\ 0\ 0\ 0\ 0\ 0\ 0\ 0\ 0\ 0]^{\mathrm{T}}$

　　根据 FRPN 的推理过程进行推理，得到 HFPN 的最终状态以及对应的诊断结果，如表 4 - 4 所示。

表 4 - 4　　　　　　　　　　　　　　　　　HFPN 的最终状态

故障类型	HFPN 的最终状态	结果/概率
AG	$\theta^3 = [1\ 0\ 0\ 1\ 0\ 1\ 1\ 0\ 1\ 0\ 0\ 0\ 0\ 0\ 0\ 1\ 0\ 0\ 0\ 0\ 0\ 0\ 0\ 0\ 0]^{\mathrm{T}}$	AG/1
ABG	$\theta^3 = [1\ 0\ 0.7546\ 0.2454\ 0\ 1\ 1\ 0\ 0.2454\ 0\ 0\ 0.7546\ 0\ 0\ 0\ 0.2454$ $0\ 0\ 0\ 0\ 0\ 0.7546\ 0\ 0\ 0]^{\mathrm{T}}$	ABG/0.7546
AB	$\theta^3 = [1\ 0\ 1\ 0\ 0\ 1\ 0\ 1\ 0\ 0\ 0\ 1\ 0\ 0\ 0\ 0\ 0\ 1\ 0\ 0\ 0\ 0\ 0\ 0]^{\mathrm{T}}$	AB/1
ABC	$\theta^3 = [1\ 0\ 0.8241\ 0.1759\ 1\ 0\ 0\ 1\ 0\ 0\ 0\ 0\ 0.1759\ 0.8241\ 0\ 0\ 0$ $0\ 0\ 0.1759\ 0\ 0\ 0\ 0.8241]^{\mathrm{T}}$	ABC/0.8241

　　由表 4 - 4 可知，本方法可以准确地辨识出 4 种不同类型故障，并能得到各种故障类型发生的概率。在辨识的过程中，可能会出现识别出发生两种情况的故障，以故障概率比较大的那种类型为最终辨识结果。例如当发生 ABG 类型故障时，HFPN 会推断出发生 AG 类型故障的概率为 0.2454，而发生 ABG 类型故障的概率为 0.7546，明显发生 ABG 类型故障的概率更高，因此最终判定发生了 ABG 故障。同理对于发生 ABC 类型故障时，HFPN 会推断出发生 CA 类型故障的概率为 0.1759，发生 ABC 类型故障的概率为 0.8241，最终判定发生了 ABC 类型故障。而对于单相接地故障和两相相间接地故障可以准确地辨识。

　　为了检验所提故障类型识别方法的适用性问题，分别对故障发生在不同位置和不同过渡电阻情况进行验证。首先分析不同故障位置对故障辨识的影响，在线路 1—4 之间不同位置发生过渡电阻为 10Ω 的 A 相单相接地故障，其故障特征值和辨识结果如表 4 - 5 所示，其中故障位置为距节点 1 的距离。再分析不同过渡电阻对故障辨识的影响，在线路 3—4 中点位置发生 AB 两相相间接地故障，其故障特征值和辨识结果如表 4 - 6 所示。

表4-5			不同故障位置时故障辨识结果		
故障位置（km）	e_A	e_B	e_C	e_0	结果/概率
2	1	0.1109	0.1326	0.0738	AG/1
4	1	0.1224	0.9403	0.0672	AG/1
6	1	0.1347	0.1272	0.0634	AG/1
8	1	0.0864	0.1158	0.0815	AG/1

表4-6			不同过渡电阻时故障辨识结果		
过渡电阻（Ω）	e_A	e_B	e_C	e_0	结果/概率
0	1	0.8824	0.0017	0	AB/1
10	0.9283	1	0.0020	0	AB/1
30	1	0.7037	0.0013	0	AB/1
50	1	0.4538	0.0022	0	AB/0.8452

从表4-5和表4-6中可以看出，在不同位置发生 A 相单相接地故障时，A 相的能量特征值明显大于 B、C 两相，零序能量特征值明显偏高，所以可以准确判断出故障类型。经不同过渡电阻发生 AB 两相相间短路时，A、B 两相能量特征值明显大于 C 相能量特征值，并且零序能量特征值基本为零，所以可以准确判断出故障类型。综上所述，所提方法在不同的工作情况下均能准确的判断故障类型，并能给出该故障发生的概率。

在 PSCAD 仿真软件中搭建如图4-23所示的 500kV 双端供电系统仿真模型，其中线路采用分布参数模型，线路总长 $L = 300$km，过渡电阻为 50Ω，仿真运行时间为 1s，设定 F 点在 0.35s 时发生故障。其中，当采用双端不同步测距算法计算时，由于不同故障录波器获取的数据不具有同步性，因此设两端不同步角度为 10°，两端电源相角差 20°进行模拟计算，当使用基于 PMU 的双端同步数据测距算法进行计算时，由于 PMU 能实时同步的测量数据，因此设定两端电压电流数据完全同步。经过仿真分析可得以下结论。

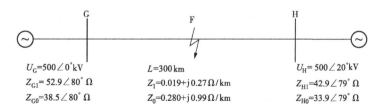

图4-23 故障定位仿真模型

对基于 PMU 量测数据的双端同步测距算法和双端不同步测距算法分别进行仿真计算。其中数据是在过渡电阻为 50Ω 时求得的，由于定位算法在不同区域内求得的测距精度不同，因此根据区域的不同，定义线路 0~30km，270~300km 为线路的前部区域，线路 30~270km 为线路的中部区域。求得的线路在不同故障类型和故障位置条件下的故障定位结果及定位误差数据如表 4-7、表 4-8 所示。

表 4-7 前部区域测距结果及误差

故障类型	故障发生位置（km）	给定参数测距结果（km）	误差（%）	计算参数测距结果（km）	误差（%）
单相接地	10	15.48	1.83	11.74	0.58
	30	31.77	0.59	31.35	0.45
	270	271.46	0.54	268.95	0.35
	290	285.82	1.39	288.38	0.54
相间短路	10	15.43	1.81	11.32	0.44
	30	31.11	0.37	30.55	0.18
	270	270.42	0.14	269.81	0.06
	290	285.54	1.49	291.23	0.41
两相接地短路	10	14.85	1.62	11.86	0.62
	30	30.72	0.24	29.61	0.13
	270	270.45	0.15	270.51	0.17
	290	285.63	1.46	288.95	0.35
三相短路	10	15.02	1.67	10.96	0.32
	30	30.78	0.26	30.25	0.08
	270	270.63	0.21	269.69	0.10
	290	285.16	1.61	290.84	0.28

表 4-8 中部区域测距结果及误差

故障类型	故障发生位置（km）	给定参数测距结果（km）	误差（%）	计算参数测距结果（km）	误差（%）
单相接地	100	101.29	0.43	100.37	0.21
	150	150.69	0.23	149.97	0.01
	200	200.75	0.25	199.64	0.12
	250	249.01	0.33	248.98	0.34

故障类型	故障发生 位置（km）	给定参数测距 结果（km）	误差 （%）	计算参数测距 结果（km）	误差 （%）
相间短路	100	101.14	0.38	100.03	0.17
	150	150.54	0.18	149.96	0.01
	200	200.57	0.19	199.73	0.09
	250	250.93	0.31	249.43	0.19
两相接地短路	100	101.23	0.41	99.64	0.12
	150	150.21	0.23	149.88	0.04
	200	200.69	0.18	199.85	0.05
	250	250.75	0.25	249.58	0.14
三相短路	100	100.54	0.18	100.24	0.08
	150	149.58	0.14	149.94	0.02
	200	200.48	0.16	199.79	0.07
	250	249.37	0.21	249.70	0.10

由表 4-7 和表 4-8 的数据可知，对于各种不同的故障类型，不管是双端同步故障定位方法还是双端不同步故障定位方法，线路在中部区域的定位精度要明显优于线路在前部区域的故障定位精度。而当线路前部区域发生故障时，双端同步故障定位方法远好于双端不同步故障定位方法；当故障发生在线路中部区域时，双端同步故障定位方法的故障定位精度在大多情况下都要优于双端不同步故障定位方法。其中，算法对线路发生三相短路故障时的定位精度最高，误差最小；而对单相接地故障测量的误差相对较大，但仍能满足定位精度的要求。

为了验证上述得出的结论，仍然采用图 4-4 所示的仿真模型，按照输电线路不同故障类型、故障区域重置故障情境，分别在线路前部区域和中部区域对任意故障条件下的故障进行仿真，然后由双端同步算法和不同步算法进行计算处理，可得如表 4-9 所示的仿真结果。

表 4-9　　　　　　　　　　　同步测距和不同步测距误差比较

故障类型	故障发生 位置（km）	给定参数测距 结果（km）	误差 （%）	计算参数测距 结果（km）	误差 （%）
单相接地	20	21.38	0.46	19.64	0.12
	120	121.04	0.35	119.76	0.08

故障类型	故障发生 位置（km）	给定参数测距 结果（km）	误差 （%）	计算参数测距 结果（km）	误差 （%）
相间短路	25	25.55	0.18	24.55	0.15
	180	179.85	0.05	179.97	0.01
两相接地短路	12	14.04	0.68	11.61	0.13
	220	219.84	0.05	219.94	0.02
三相短路	8	12.38	1.46	7.52	0.16
	135	134.88	0.04	134.97	0.01

为了更容易对表中同步测距算法和不同步测距算法的测距误差进行比较，画出如图 4 - 24 所示的误差对比柱状图。

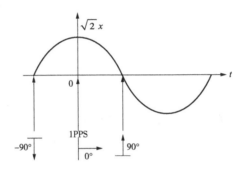

图 4 - 24　重置情境下两种定位算法的误差对比图

对表 4 - 9 和图 4 - 24 分析表明，相比于不同步测距算法，同步测距算法在定位误差上得到了有效控制，对不同的故障情况都具有适应性，且基本不受故障位置、过渡电阻等因素的影响，抗变换性优秀，验证了基于 PMU 的双端同步测距算法拥有可以显著提高故障定位精度的能力。

第 5 章

微型同步相量测量技术及原理

5.1.1　μPMU 的基本表示方法

由电路的基础知识可知，正余弦量可以表示为相量形式。以式（5-1）的余弦信号为例

$$x(t) = X_m\cos(\omega t + \varphi) \tag{5-1}$$

式中：X_m 为余弦信号最大值；ω 为角速度；φ 为初相角。

式（5-1）对应的相量表示形式为

$$\begin{aligned}
X &= (X_m/\sqrt{2})e^{j\varphi} \\
&= (X_m/\sqrt{2})(\cos\varphi + j\sin\varphi) \\
&= X_r + jX_i
\end{aligned} \tag{5-2}$$

式中：X_r、X_i 为相量的实部和虚部。

从式（5-2）可以看出，相量仅与幅值 X_m 和初相角 φ 有关，而与频率无关。但在电力系统中，频率是在实时波动变化的，是电网运行特征表现出来的一个重要参数，因此这种传统的相量表达形式不能满足现代电力系统分析的要求，所以提出了同步相量的概念。

对相角 φ 的定义区别便是相量和同步相量的最大不同之处。同步相量是以 GPS 提供的标准时间信号为基准，经过一系列采样和计算得到的带有时间信标的相量。同步相角 φ 是一个相对相角，其以协调世界时间（UTC）同步的额定频率的余弦信号为基准。

同步相角与 UTC 的关系如图 5-1 所示。可以看出，当 $t=0$ 时，$x(t)$ 达到极大值，在此时出现 UTC 信号（1PPS 信号），规定同步相角为 0°；当 $t=0$ 时，$x(t)$ 位于正向过零点，则规定同步相角为 -90°；当 $t=0$ 时，$x(t)$ 位于反向过零点，则规定同步相角为 90°。

在实际电网的运行过程中，信号的幅值与频率都是在实时变化的，可分别用 $X_m(t)$ 和 $f(t)$ 表示。定义实际频率和额定频率的差值 $g(t) = f(t) - f_0$，其中 f_0 为额定频率。式（5-1）对应的信号可以改写为

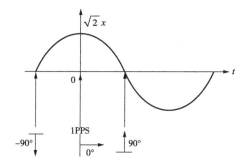

图 5-1　同步相角与 UTC 的关系

$$x(t) = X_m\cos\left(2\pi\int f\mathrm{d}t + \varphi\right)$$

$$= X_m\cos\left[2\pi\int(f_0 + g)\,\mathrm{d}t + \varphi\right] \quad\quad (5-3)$$

$$= X_m\cos\left[2\pi f_0 t + \left(2\pi\int g\mathrm{d}t + \varphi\right)\right]$$

相应的同步相量的表达式为：

$$X(t) = \left[X_m(t)\big/\sqrt{2}\right]\mathrm{e}^{\mathrm{j}(2\pi\int g\mathrm{d}t + \varphi)} \quad\quad (5-4)$$

对于幅值不随时间发生改变 $[X_m(t) = X_m]$，频率差值固定 $[g(t) = \Delta f]$ 的信号，则 $\int g\mathrm{d}t = \int\Delta f\mathrm{d}t = \Delta ft$，式 (5-4) 可以写为

$$X(t) = (X_m\big/\sqrt{2})\mathrm{e}^{\mathrm{j}(2\pi\Delta ft + \varphi)} \quad\quad (5-5)$$

5.1.2　μPMU 基本方法

同步相量测量需要提供 GPS 时间基准，对系统的电压和电流相量进行同一时刻采样测量。测量到电压、电流相量数据对系统的动态分析、线路相邻端相量比较有重要参考价值。要实现高精度的相量测量有三个要素即：GPS 模块提供的同步采样脉冲、标准的同步时间基准信号和相量测量算法。目前，前两者在技术上已经成熟，精度比较高，而对于相量测量技术有许多方法可以提高精度。目前，相量测量算法主要采用过零点检测和离散傅立叶变换（DFT）两种方法。

（1）过零点检测法基本原理。过零点检测法的基本原理是通过标准的方波信号对信号的过零点时刻进行准确的检测和记录。由 GPS 为测量装置中的晶振元件提供一个同步标准的 1PPS，晶振元件通过 1PSS 进行同步，发出精度极高的 50Hz 标准脉冲信号。

正弦信号在过零点时变换率最大，在微处理器中要在过零点处附上时间标签，计算出相对于 50Hz 标准脉冲信号的测量角度。基本原理如图 5-2 所示，当系统中两个相邻的正向过零点时刻分别为 T_k 和 T_{k+1}，标准 50Hz 脉冲信号在 T_k 和 T_{k+1} 之间的正向过零时刻为 $20i$ms，与 T_k 时刻相差时间为 Δt。则差值 Δt 即认为该被测信号的相位角度，表达式为

$$\theta_k = \frac{360^\circ}{T_{k+1} + T_k}(20i - T_i) \tag{5-6}$$

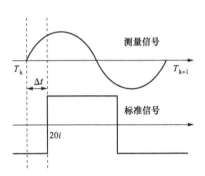

图 5-2　过零点检测法原理图

过零点检测法比较容易实现，实时性好，但是精度不高，易受信号中噪声和谐波的影响，可以对测量精度要求不太高的场合进行使用。

（2）DFT 法基本原理。DFT 是在傅里叶级数和傅里叶变换的基础上发展的数字信号处理方法。当一个周期函数满足 Dirichlet 条件时，可以将其用三角函数或积分的线性组合来表示。在此，设一个满足 Dirichlet 条件的周期为 T 的函数 $x(t)$，表达式为

$$x(t) = \sum_{n=-\infty}^{\infty} \left(a_n e^{\frac{j2\pi nt}{T}} \right) \tag{5-7}$$

其中，$a_n = \dfrac{1}{T} \displaystyle\int_{-\frac{T}{2}}^{\frac{T}{2}} x(t) e^{\frac{-j2\pi nt}{T}} \mathrm{d}t$（$n = \pm 1, \pm 2, \pm 3, \cdots$）。

经过连续傅里叶变换后式（5-7）可以表示为

$$X(f) = \int_{-\infty}^{+\infty} x(t) e^{-j2\pi ft} \mathrm{d}t = \int_{-\infty}^{+\infty} \left[\sum_{n=-\infty}^{\infty} \alpha_n e^{\frac{j2\pi nt}{T}} \right] e^{-j2\pi ft} \mathrm{d}t$$

$$= \sum_{n=-\infty}^{\infty} \int_{-\infty}^{+\infty} \alpha_n e^{j2\pi nt \left(\frac{n}{T} - f \right)} = \sum_{n=-\infty}^{\infty} \alpha_n \delta(t - kT) \tag{5-8}$$

μPMU 可以处理的数据都是经过采样之后得到的离散数据，$x(t)$ 经采样后变为离散信号。$y(t)$ 为一个周期 T_0 内的采样值，可以得到

$$y(t) = x(t)\delta(t)\omega(t) = \sum_{k=0}^{N-1} x(k\Delta T)\delta(t - k\Delta T) \tag{5-9}$$

式中：$\delta(t)$ 为采样函数；$\omega(t)$ 为窗函数；$T_0 = N\Delta T$。

$y(t)$ 在经过傅里叶变换后可以得到连续的函数 $Y(f)$，在 $n/T(n = 0, \pm 1, \cdots)$ 处对 $Y(f)$ 进行采样，以得到各个整数次谐波分量的幅值和相角，其中采样函数 $\Phi(f)$ 选取为

$$\Phi(f) = \sum_{n=-\infty}^{+\infty} \delta(f - \frac{n}{T_0}) \tag{5-10}$$

采样函数 $\Phi(f)$ 经傅里叶反变换后得到 $\varphi(t)$

$$\varphi(t) = T_0 \sum_{n=-\infty}^{\infty} \delta(t - nT_0) \tag{5-11}$$

因为 $X'(f) = Y(f)\Phi(f)$，由卷积定理得

$$\begin{aligned}
x'(t) &= y(t)\varphi(t) \\
&= \left[\sum_{k=0}^{N-1} x(k\Delta T)\delta(t - k\Delta T)\right]\left[T_0 \sum_{n=-\infty}^{\infty} \delta(t - nT_0)\right] \\
&= T_0 \sum_{n=-\infty}^{\infty}\left[\sum_{k=0}^{N-1} x(k\Delta T)\delta(t - nT_0 - k\Delta T)\right]
\end{aligned} \tag{5-12}$$

其中，$x'(t)$ 是一个周期函数，其周期为 T_0。对 $x'(t)$ 进行傅里叶变换，得到

$$X'(f) = \sum_{n=-\infty}^{+\infty} \alpha_n \delta(f - \frac{n}{T_0}) \tag{5-13}$$

其中，$\alpha_n = \frac{1}{T_0}\int_{-T_0/2}^{T_0-T_0/2} x'(t)e^{-\frac{j2\pi nt}{T_0}}dt = \sum_{k=0}^{N-1} x(k\Delta T)e^{-\frac{j2\pi kn}{N}}(n = 0, \pm 1, \pm 2, \cdots)$。

因为上述采样只使用了 N 个采样点，所以 α_n 只有 N 个不同值，即 $a_{N+1} = a_1$。DFT 算法的定义式为

$$X'(\frac{n}{T_0}) = \sum_{k=0}^{N-1} x(k\Delta T)e^{-\frac{j2\pi kn}{N}}(n = 0,1,2,\cdots,N-1) \tag{5-14}$$

$x(t)$ 的傅里叶级数系数可由 DFT/N 求得，即

$$a_n = \frac{1}{N}\sum_{k=0}^{N-1} x(k\Delta T)e^{\frac{-j2\pi kn}{N}} \tag{5-15}$$

因此，傅里叶级数可以改写为

$$x(t) = \sum_{n=-\infty}^{\infty}\left[\frac{1}{N}\sum_{k=0}^{N-1} x(k\Delta T)e^{-\frac{j2\pi kn}{N}}\right]e^{\frac{j2\pi nt}{T}} \tag{5-16}$$

DFT 算法大体可以分为递归型和非递归型 DFT 算法，两者在计算的时候存在微小的区别，这造成最终计算的相量相角也存在差别。以相量的首点选为第 l 个采样点为例，二者的具体计算公式如下：

非递归型 DFT 计算公式为

$$
\begin{aligned}
X^l &= \frac{\sqrt{2}}{N} \sum_{k=0}^{N-1} x\big[(k+l)\Delta T\big] \mathrm{e}^{-\mathrm{j}\frac{2\pi}{N}k} \\
&= \frac{\sqrt{2}}{N} \sum_{k=0}^{N-1} x\big[(k+l)\Delta T\big] \left[\cos\frac{2\pi}{N}k - \mathrm{jsin}\frac{2\pi}{N}k\right]
\end{aligned}
\tag{5-17}
$$

递归型 DFT 算法计算公式为

$$
\begin{aligned}
\widehat{X}^l &= \mathrm{e}^{-\mathrm{j}(l-1)0}X^l = \frac{\sqrt{2}}{N} \sum_{k=0}^{N-1} x\big[(k+l)\Delta T\big]\mathrm{e}^{-\mathrm{j}\frac{2\pi}{N}(k+l-1)} \\
&= \frac{\sqrt{2}}{N} \sum_{k=0}^{N-1} x\big[(k+l)\Delta T\big] \left[\cos\frac{2\pi}{N}(k+l-1) - \mathrm{jsin}\frac{2\pi}{N}(k+l-1)\right] \\
&= \widehat{X}^{l-1} + \frac{\sqrt{2}}{N}\{x\big[(N+l-1)\Delta T\big] - x\big[(l-1)\Delta T\big]\}\mathrm{e}^{-\mathrm{j}\frac{2\pi}{N}(l-1)}
\end{aligned}
\tag{5-18}
$$

对上述两种常见的同步相角测量方法进行比较可以看出：过零点检测法的运算时间快速但测量精度相对较低；而 DFT 算法则需要极高的采样率对信号进行大量采样，精度较高，但需经过大量计算速度较慢，实时性较差。综上所述，在不同的精度、速度的需求下可以选择不同的同步相量测量方法，对于实时性要求较高的系统可以采用过零点检测法，对于测量精度要求高但对实时性要求不高的系统可以采用 DFT 算法。

5.2 基于 μPMU 量测数据的故障类型辨识

5.2.1 基于监测点测量阻抗变化的故障识别

随着现代电力系统规模日益扩大，配电线路故障对社会经济和人民生活造成的危害更加严重。快速、准确的故障定位是快速恢复电网供电的前提，而对发生故障的辨识又是快速、准确故障定位的前提，是故障分析的一个重要部分。配电网故障发生时，电气量发生突变，电气量信息作为最根本的故障表征，要比开关量信息更为可靠精确。随着计算机技术和通信技术的飞速发展，以 μPMU 为基础的 WAMS 将在广域性、同步性、实时性等方面都有长足的进步，基于 WAMS 对电气量优良的同步实时监测传输特性，μPMU 量测数据也能更加准确的反映电网故障的性质，在辨识故障区域和故障类型等方面具有明显的优势。

由于 WAMS 系统量测系统中的 μPMU 可以实时测量电压、电流，可求出对应时间的阻抗值，如果系统正常运行，那么该测量点的阻抗值是在一定范围内小幅度波动的。系统的异常事故和正常的人为操作都会引起阻抗的变化。例如单相短路时阻抗值减小，其变化趋势如图 5 - 3 所示，变化趋势由 B 到 E。

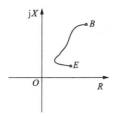

图 5 - 3　单相短路阻抗变化

依据已有文献的电网中 μPMU 优化布置策略，由全网分布的 μPMU 可以将电网分成多个子区域，即每个子区域边界母线节点上布置一个 μPMU，能实时测量边界 μPMU 安装处的电压相量和流进该子区域的电流相量。图 5 - 4 为某一配电网络的局部电网拓扑结构。

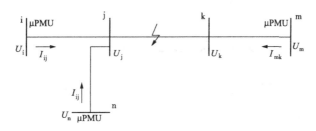

图 5 - 4　某一配电网络的局部拓扑结构

当某配电网 μPMU 监测区域内部发生故障时，从该区域边界上监测的等值阻抗会有明显减小。从边界上配置的 μPMU 装置可以得到该时刻的电压电流相量，从而求得观测阻抗幅值，当小于预设阈值时，就可以判断该观测区域发生故障。

为了更直观比较正常运行时观测阻抗与故障后观测阻抗的关系，定义一个比值变量 s^r，以 A 相为例，如式（5 - 19）所示

$$s_A^r = \frac{Z_{\text{Aent,nml}}^r}{Z_{\text{Aent}}^r} = \frac{|\dot{U}_{\text{Aent,nml}}^r / \dot{I}_{\text{Aent,nml}}^r|}{|\dot{U}_{\text{Aent}}^r / \dot{I}_{\text{Aent}}^r|} \quad (5-19)$$

式中：$Z_{\text{Aent,nml}}^r$ 为系统正常运行时 r 监测节点的 A 相观测阻抗幅值；Z_{Aent}^r 为系统状态发生变化后 r 监测节点的 A 相观测阻抗幅值；$\dot{U}_{\text{Aent,nml}}^r$ 和 $\dot{I}_{\text{Aent,nml}}^r$ 分别表示系统正常运行时 r 监测节点的 A 相电压电流相量；$\dot{U}_{\text{Aent}}^r$ 和 $\dot{I}_{\text{Aent}}^r$ 分别表示系统状态发生变化后 r 监测节点的 A 相电压电流相量。

同理，B 相和 C 相的比值变量 s_B^r 和 s_C^r 均可求出。

$$s_B^r = \frac{Z_{\text{Bent,nml}}^r}{Z_{\text{Bent}}^r} = \frac{|\dot{U}_{\text{Bent,nml}}^r / \dot{I}_{\text{Bent,nml}}^r|}{|\dot{U}_{\text{Bent}}^r / \dot{I}_{\text{Bent}}^r|} \quad (5-20)$$

$$s_C^r = \frac{Z_{\text{Cent,nml}}^r}{Z_{\text{Cent}}^r} = \frac{|\dot{U}_{\text{Cent,nml}}^r / \dot{I}_{\text{Cent,nml}}^r|}{|\dot{U}_{\text{Cent}}^r / \dot{I}_{\text{Cent}}^r|} \quad (5-21)$$

设置比值阈值 s_{set}^r，当 $s^r > s_{\text{set}}^r$ 时，该 r 节点监测的电网区域可能发生故障。首先对监测区域一个监测节点的三相等效阻抗比值系数进行计算，若满足 $s_A^r > s_{\text{A,set}}^r$、$s_B^r > s_{\text{B,set}}^r$ 和 $s_C^r > s_{\text{C,set}}^r$ 三个条件中的其中一个，就可以判断该节点监测的区域可能发生故障。对于每个 μPMU 监测的子区域，都会在多个边界节点配置 μPMU 设备进行监测，当所有边界的三相测量阻抗全都满足故障条件时，就可以判断该监测区域内部发生了故障。例如图 5-1 中所示监测区域，当 1、4、5 三个监测节点均检测到测量阻抗减小时，可以判断由这三个 μPMU 共同监测的该区域内部发生了故障。

5.2.2　基于 μPMU 量测数据的故障类型辨识

电网发生故障后，μPMU 启动暂态录波功能，记录母线和线路的电压电流波形。近些年，国内外学者提出了大量的基于特征提取和识别两方面的故障类型暂态识别方法。目前特征提取方法主要是小波变换、小波能量、小波熵等；而故障暂态识别方法主要是分类器法和推理法等。

模糊推理 Petri 网一般来说都是对离散信息进行建模、推理，然而 μPMU 记录的电压电流暂态录波数据均为连续量，因此不能直接应用模糊推理 Petri 网进行推理。基于此，将小波变换、模糊逻辑和 Petri 网三个部分相结合，使用小波变换和模糊逻辑将连续信号变为离散信号，再应用于 Petri 网进行推理。本节提出一种基于混合模糊 Petri 网（hybrid fuzzy Petri nets，HFPN）的故障类型识别方法。所提出的基于 HFPN 的电力系统故障类型识别框架如图 5 – 5 所示。

在确定 μPMU 监测区域发生故障后，提取 μPMU 测量的暂态录波数据，对暂态录波中的三相电流和零序电流暂态数据通过小波变换进行特征提取，将提取的故障特征通过模糊逻辑进行模糊化，将模糊值作为模糊 Petri 网输入量，通过将小波电流能量作为特征量；模糊逻辑模块的功能是将该特征量进行模糊化，得到适合模糊 Petri 网输入的模糊值，通过一系列的推理诊断最终识别具体故障类型。

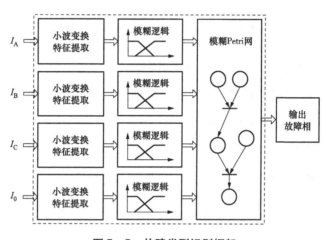

图 5 – 5　故障类型识别框架

本方法主要识别线路的 10 种不同类型故障，包括单相接地故障（AG、BG、CG）；两相相间短路故障（AB、BC、CA）；两相接地短路故障（ABG、BCG、CAG）和三相短路故障（ABC）。

1. 小波变换提取故障特征

小波变换是一种信号的时频分析方法，具有良好的信号自适应能力和时频定位特性，其把一系列尺度可变的函数作为基函数，可对各种时变信号进行分解，为电网故障辨识提供了一种强有力的分析手段。基于小波变换的小波包技术可以将任意信号映射到一组基函数上，这组基函数可由一个小波伸缩构成，可以得到不同频率频道内的分解序列，且分解后的信息完整并不丢失，对暂态信号的局部化分解能力强。

对时变信号 $f(t)$ 进行小波变换，主要在于寻找一组能够衡量 $f(t)$ 和函数族 $\Psi_{q,p}(t)$ 之间相似性关系的系数 $(W\Psi f)(q,p)$。一个选定的能量有限函数 $\Psi(t)$ 可以通过伸缩平移变换得到全部函数 $\Psi_{q,p}(t)$。

$$\Psi_{\mathrm{p,q}}(t) = |p|^{-\frac{1}{2}} \Psi\left(\frac{t-q}{p}\right) \qquad (5-22)$$

式中：p 为伸缩因子；q 为平移因子。

$$C_{\Psi} = \int_R \frac{|\hat{\Psi}(\omega)|^2}{|\omega|} \mathrm{d}\omega < \infty \qquad (5-23)$$

式中：$\hat{\Psi}(\omega)$ 为 $\Psi(t)$ 的傅里叶变换；Ψ 称为容许小波或基小波。

函数 $f(t) \in L^2(R)$ 的小波变换为

$$(WT\Psi f)(p,q) = |q|^{-\frac{1}{2}} \int_R f(t) \Psi\left(\frac{t-q}{p}\right) \mathrm{d}\omega \qquad (5-24)$$

式中：$p,q \in R, p \neq 0$；$\overline{\Psi}(t)$ 与 $\Psi(t)$ 互为共轭。

小波函数 Ψ 对信号不同频率的限制表现在伸缩上，而对不同时间位置的限制则表现在平移上。Ψ 和 $\hat{\Psi}$ 都具有快速衰减的特性，Ψ 作为时域窗函数，$\hat{\Psi}$ 作为频域窗函数，它们均需满足容许性条件。

式（5-24）展示的为连续小波变换，如果将小波变换应用到实际工程当中，就需要对小波变换进行离散化。令 $p = p_0^m$、$q = nq_0 p_0^m$，小波变换的母小波伸缩平移形式为

$$\Psi_{\mathrm{mn}}(t) = p_0^{-m/2} \Psi\left(\frac{t - nq_0 p_0^m}{p_0^m}\right) \qquad (5-25)$$

其中，$p_0, q_0 \in R$；$m, n \in Z$；且 $p_0 > 1, q_0 > 0$。

所以，离散小波变换为

$$(DWT\Psi f)(m,n) = \int_R f(t) \overline{\Psi}_{\mathrm{mn}}(t) \mathrm{d}t \qquad (5-26)$$

选择适当的参数 p_0 和 q_0，可以将信号分解为一组相互之间没有信息冗余的分解信号，已达到获取所需特征的目的。现阶段，多分辨分析是选取参数 p_0 和 q_0 的一种常见方法，可以将信号在多个时间和频率尺度上进行分解，得到信号在不同频带上的特征，以获取所需信息，该分析方法可以看作一种频带剥离过程。

2. 故障特征提取

对配电网 10 种不同类型的故障三相电流和零序电流进行处理，从 μPMU 的故障录波数据中调出故障发生后 1/4 个周期的三相电流 I_A、I_B、I_C，并通过三相电流相加得到零序电流 I_0。通过小波变换，对调出的 I_A、I_B、I_C、I_0 四种电流数据应用 db4 小波的小波基进行 8 层分解，以获得高频细节信号系数 $d_1(k) \sim d_8(k)$ 和低频近似信号系数

$a_8(k)$。图 5 - 6 显示出系统在 0.35s 发生 A 相单相接地故障时，零序电流的 8 层小波分解波形。

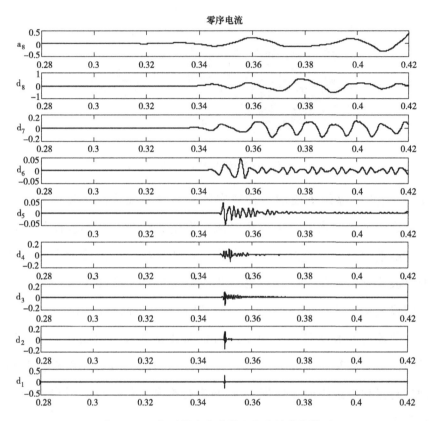

图 5 - 6　AG 时零序电流的 8 层小波分解波形

将四种电流的小波能量作为故障的特征，可以通过式（5 - 27）分别求取四种电流 I_A、I_B、I_C、I_0 各自对应的高频能量值 E_A、E_B、E_C、E_0

$$E_\delta = \sum_{j=1}^{S} \sum_{k=1}^{100} | d_{\delta j}(k) |^2$$
$$E_0 = \sum_{j=1}^{S} \sum_{k=1}^{100} | d_{0j}(k) |^2$$

（5 - 27）

再应用式（5 - 28）分别求取高频能量的归一化值 e_A、e_B、e_C、e_0

$$e_\delta = E_\delta / \max(E_A, E_B, E_C, E_0)$$
$$e_0 = E_0 / \max(E_A, E_B, E_C, E_0)$$

（5 - 28）

其中：δ 表示 A、B、C 三相。

系统发生 10 种不同类型故障时的故障特征量对比如图 5-7 所示。

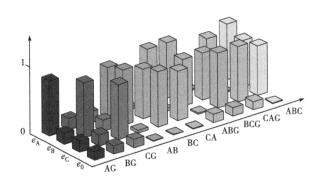

图 5-7 10 种故障类型的特征量对比

在故障发生时，系统里面的各种暂态数据包含着大量的故障信息。在故障发生后的四分之一个周期内，对于三相电流，发生故障的线路小波能量会比非故障线路的小波能量大很多；而对于零序电流，接地故障的小波能量会明显高于非接地故障的小波能量。因此，可以利用这些故障各自的小波能量特征来区分各种故障类型。假设发生了 AB 两相相间短路，可以看出发生故障的 AB 两相特征量明显高于未发生故障的 C 相特征值，而零序特征量比接地故障时明显偏小。同理，发生其他类型故障时四种特征量也会体现出各自不同的特点。应用模糊逻辑将这些模糊规则进行量化，最终通过模糊 Petri 网进行推理，便可以分辨出本节所考虑的各种故障类型。

5.2.3 故障特征模糊处理

通过对人脑不确定性概念判断和推理的思维方式进行模拟，提出了模糊逻辑的概念。模糊集中的各个元素和其各自对应隶属度的对应关系共同组成了一个模糊集，可以使用一个映射关系 $\mu : x \to [0,1]$ 来描述模糊功能函数，则模糊集 A 可以表示为

$$A = \{ [x, \mu_A(x)] \mid x \in X \} \tag{5-29}$$

式中：X 为论域；x 为论域 X 中的元素；$\mu_A(x)$ 为模糊集的功能函数，描述了 x 属于集合 A 的隶属度。

模糊集理论不是用具体的数据来表示不确定性概念，而是使用模糊的语言变量来表示。例如，当电力网络发生接地故障时，会出现零序电流，具体表现形式为零序小

波能量增大。在模糊集理论中就可以用模糊语言"高"来表示小波能量的增大；相反的使用模糊语言"低"作为表示小波能量变化不大。

根据实际电网中发生不同类型故障时的三相电流和零序电流数据，分析得到三相电流特征量和零序电流特征量各自的线性功能函数，如图 5-8 所示。

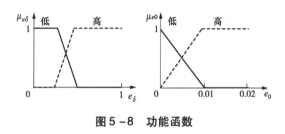

图 5-8　功能函数

5.2.4　HFPN 故障类型辨识

1. 模糊 Petri 网定义

根据模糊推理 Petri 网（fuzzy reasoning Petri net，FRPN）定义及特点，可将 *FRPN* 定义为一个 6 元组

$$FRPN = \{P, T, I, O, \theta^0, U\} \tag{5-30}$$

其中：$P = \{p_1, p_2, \cdots, p_n\}$ 为库所的集合，对应命题。

$T = \{t_1, t_2, \cdots, t_m\}$ 为变迁的集合，对应规则。

I 为输入矩阵，$I = [\delta_{ij}]$。δ_{ij} 为逻辑量，$\delta_{ij} \in [0, 1]$。当 p_i 不是 t_j 的输入（即不存在从 p_i 指向 t_j 的有向弧）时，$\delta_{ij} = 0$，其中 $i = 1, 2, \cdots, n; j = 1, 2, \cdots, m$。当 p_i 是 t_j 的输入（即存在从 p_i 指向 t_j 的有向弧）时，δ_{ij} 的值为这个有向弧的权值。

O 为输出矩阵，$O = [\gamma_{ij}]$。γ_{ij} 为逻辑量，$\gamma_{ij} \in [0, 1]$。当 p_i 不是 t_j 的输出（即不存在从 t_j 指向 p_i 的有向弧）时，$\gamma_{ij} = 0$，其中 $i = 1, 2, \cdots, n; j = 1, 2, \cdots, m$。当 p_i 是 t_j 的输出（即存在从 t_j 指向 p_i 的有向弧）时，γ_{ij} 的值为该规则的可信度。

θ^0 为初始状态，$\theta^0 = [\theta^0_{P1}, \cdots, \theta^0_{Pn}]^T$。$\theta^0_{Pi}$ 表示 P_i 状态为真的置信度，是命题 P_i 的初始逻辑状态，$\theta^0_{Pi} \in [0, 1]$，$i = 1, 2, \cdots, n$；在推理过程中，通过模糊逻辑函数处理三相电流和零序电流特征值得到 θ^0 的具体数值。

U 为规则置信度矩阵，$U = diag(\mu_1, \cdots, \mu_m)$。$\mu_j$ 为规则 T_j 的置信度，$\mu_j \in [0, 1]$，在

此取值为 1。

2. 模糊 Petri 网推理过程

引入两个算子 $\bigoplus$ 和 $\bigotimes$，分别定义为：

$\bigoplus$：$X \bigoplus Y = Z$，X、Y、Z 均为 $m \times n$ 的矩阵，则 $Z_{ij} = \max(X_{ij}, Y_{ij})$；

$\bigotimes$：$X \bigotimes Y = W$，X、Y、W 分别为 $m \times q$，$q \times n$，$m \times n$ 的矩阵，则 $W_{ij} = \max_{1 \leqslant k \leqslant q}(X_{ik}, Y_{kj})$。

再引入 neg 算子和中间变量 v^k，则推理过程中有以下推理公式

$$neg\theta^k = 1_m - \theta^k = \overline{\theta^k} \tag{5-31}$$

式中：1_m 为元素全为 1 的 m 维向量；k 为推理步骤；$neg\theta^k$ 为 m 维向量。其中元素表示 P_i 为假的可信度，$i = 1, 2, \cdots, m$。

$$v^k = I^T \bigotimes (neg\theta^k) = I^T \bigotimes \overline{\theta^k} \tag{5-32}$$

式中：v^k 为 n 维向量，表示 T_j 为假的置信度，$j = 1, 2, \cdots, n$。

$$\rho^k = negv^k = neg\left[I^T \bigotimes (neg\theta^k)\right] = \overline{I^T \bigotimes \overline{\theta^k}} \tag{5-33}$$

式中：ρ^k 为 m 维向量，表示 T_j 为真的置信度。

通过上述公式进行推理，最终得到库所 P_i 下一步的状态

$$\theta^{k+1} = \theta^k \bigoplus \left[(O \cdot U) \bigotimes \overline{I^T \bigotimes \overline{\theta^k}}\right] \tag{5-34}$$

综上所述，可以得到推理算法：第一步读入数据 $j = 1, 2, \cdots, n$；第二步令推理步骤 $k = 0$；第三步计算式（5-31）~式（5-33）的算子及中间变量；第四步根据式（5-34），由 θ^k 计算得到 θ^{k+1}；第五步如果 $\theta^{k+1} \neq \theta^k$，令推理步骤 $k = k + 1$，返回第三步，重新计算 θ^{k+1}；如果 $\theta^{k+1} = \theta^k$，则推理结束。

3. HFPN 模型

根据对故障数据进行特征提取，其三相电流及零序电流的小波能量作为 HFPN 的输入，通过前端逻辑处理挖掘出逻辑规则，根据上述模糊逻辑处理以及模糊规则挖掘，得到如图 5-9 所示 HFPN 模型。

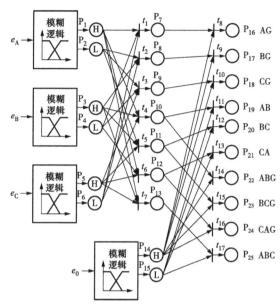

图 5-9　故障类型识别的 HFPN 模型

H—模糊语言的"高"的意思；L—模糊语言"低"的意思；$P_1 \sim P_6$、P_{14}、P_{15}—初始库所；
$P_7 \sim P_{13}$—过渡库所，并没有实际的意义，目的只是使推理更清晰；$P_{16} \sim P_{25}$—终止库所，
分别对应 10 种不同故障类型，代表最终推理结果；$t_1 \sim t_{17}$—变迁

第6章

基于μPMU量测数据的故障定位技术与改进

配电网处于电力系统的末端，与电力用户密切相关，涉及国家、人民的经济和财产安全，是电力系统的重要部分。配电网发生故障后，快速准确的故障定位有利于迅速隔离故障和恢复供电，减少停电时间、降低运行成本，对配电网安全和可靠性至关重要，但这也对故障定位的准确性提出了更高的要求。本章在上一章故障辨识的基础上，提出一种基于 μPMU 量测数据的配电网故障定位新方法，对配电网发生各种类型故障时进行准确故障定位。

6.1 系统故障模型建立与数据处理

我国配电网为满足供电可靠性，基本采用有备用网络进行供电，其中环网和双端电源供电网络最为常见。配电网大多都是设计为闭环结构，但为了电网安全一般采取开环运行方式，环网、双端配电网的主网络均可以等效转化双端网络。因此首先采用单相接地故障的双端电源供电系统为例对配电网故障进行建模分析。图 6-1 为线路故障模型，在 G、H 端分别配置 μPMU 实时测量同步数据。

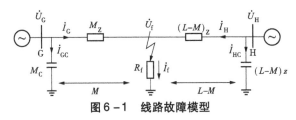

图 6-1 线路故障模型

$\dot{U}_G$ 和 $\dot{I}_G$ —分别发生故障后 G 端 μPMU 测量的故障电压相量和电流相量；$\dot{U}_H$ 和 $\dot{I}_H$ —分别发生故障后 H 端 μPMU 测量的故障电压相量和电流相量；$\dot{U}_f$ 和 $\dot{I}_f$ —分别故障点处的故障电压相量和电流相量；$\dot{I}_{GC}$ 和 $\dot{I}_{HC}$ —分别线路 G、H 两端等效对地电容分流电流相量；z —线路单位长度阻抗；c —线路单位长度对地电容；R_f —故障点过渡电阻；L —线路长度；M —故障点到 G 端的距离

三相配电网络发生不对称故障时，尽管除短路点外三相电路仍然对称，但三相电路电压和电流分量均变为了不对称相量。根据对称分量法，可以将不对称相量分解为一组对称相量，将故障后的网络分解为正序网络、负序网络和零序网络。因为使用序网对故障进行分析可以让线路三相之间的解耦过程得到简化，所以将三相系统转化为序分量系统进行故障分析。以 A 相为特殊相为例，由对称分量法可得，A 相三序电压分量为

$$\begin{bmatrix} \dot{U}_{a(1)} \\ \dot{U}_{a(2)} \\ \dot{U}_{a(0)} \end{bmatrix} = \frac{1}{3} \begin{bmatrix} 1 & a & a^2 \\ 1 & a^2 & a \\ 1 & 1 & 1 \end{bmatrix} \begin{bmatrix} \dot{U}_a \\ \dot{U}_b \\ \dot{U}_c \end{bmatrix} \qquad (6-1)$$

式中：算子 $a = e^{j120°} = -\dfrac{1}{2} + j\dfrac{\sqrt{3}}{2}$，$a^2 = e^{j240°} = -\dfrac{1}{2} - j\dfrac{\sqrt{3}}{2}$；$\dot{U}_{a(1)}$、$\dot{U}_{a(2)}$、$\dot{U}_{a(0)}$ 分别为 A 相电压的正序、负序和零序分量；$\dot{U}_a$、$\dot{U}_b$、$\dot{U}_c$ 分别为 A、B、C 三相相电压。同理 B、C 两相电压也可以分解为 $\dot{U}_{b(1)}$、$\dot{U}_{b(2)}$、$\dot{U}_{b(0)}$ 和 $\dot{U}_{c(1)}$、$\dot{U}_{c(2)}$、$\dot{U}_{c(0)}$。其中 $\dot{U}_{a(1)}$、$\dot{U}_{b(1)}$、$\dot{U}_{c(1)}$ 是一组对称的相量，叫作正序分量电压；$\dot{U}_{a(2)}$、$\dot{U}_{b(2)}$、$\dot{U}_{c(2)}$ 叫作负序分量电压；$\dot{U}_{a(0)}$、$\dot{U}_{b(0)}$、$\dot{U}_{c(0)}$ 叫作零序分量电压。三序电流分量同理可得。图 6-2 为线路故障的正序网络，图中各参数皆为正序网络数据。

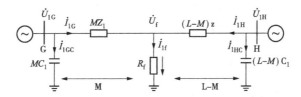

图 6-2　线路故障正序网络

在我国配电网中，中性点为非有效接地，在发生单相接地短路时故障数据与正常数据差距不大，但其中存在着大量的零序分量。因此，本章将应用配电线路中的零序分量对单相接地故障进行定位；而对于两相接地短路、两相相间短路和三相短路，故障数据与正常数据差距很大，但系统中均存在正序分量，本文将应用配电线路中的正序分量进行故障定位。下面所提故障定位方法将以正序电压、电流分量为例进行详细阐述，零序电压、电流的应用同理可知。

6.2　μPMU 故障定位方法

6.2.1　初始故障距离 N 的计算

以图 6-2 所示的故障正序网络为例进行分析，设故障点距离 G 端为 N（单位为 km）。首先，不考虑线路对地等效电容的分流作用时，由 KVL 定理可知，存在关系式

$$\dot{U}_{1G} = N Z_1 \dot{I}_{1G} + \dot{I}_{1f} R_f \qquad (6-2)$$

式中：$\dot{U}_{1G}$ 为 G 端的故障正序电压；N 为故障距离（单位为 km）；Z_1 为输电线路每千米的正序阻抗；$\dot{I}_{1G}$ 为 G 端的故障正序电流；$\dot{I}_{1f}$ 为故障点正序电流；R_f 为故障点过渡电阻。

而正序故障电流 $\dot{I}_{1f}$ 可表示为

$$\dot{I}_{1f} = \dot{I}_{1G} + \dot{I}_{1H} \tag{6-3}$$

将式（6-3）带入式（6-2），可知故障距离 N 和过渡电阻 R_f 均为实数，根据实部和虚部两部分的关系，通过将式（6-2）分离为实部和虚部两个实数方程，并对求方程组求解，计算出故障初始故障距离 N。

然后，考虑线路对地等效电容的分流的影响，重新校正故障距离 N。主网络 G 端电压为 $\dot{U}_{1G}$，则 G 端到故障点的线路对地等效电容上流经的电流可以表示为

$$\dot{I}_{1GC} = j\omega NC_1\dot{U}_{1G} \tag{6-4}$$

所以，校正后 G 端线路上流经的电流可以表示为

$$\dot{I'}_{1G} = \dot{I}_{1G} - \dot{I}_{1GC} = \dot{I}_{1G} - j\omega NC_1\dot{U}_{1G} \tag{6-5}$$

同理可知，H 端线路上校正后的电流可以表示为 $\dot{I'}_{1H} = \dot{I}_{1H} - j\omega(L-N)C_1\dot{U}_{1H}$。

将式（6-2）与式（6-3）中 $\dot{I}_{1G}$、$\dot{I}_{1H}$ 替换为 $\dot{I'}_{1G}$、$\dot{I'}_{1H}$，重新计算故障距离 N'。设置一个迭代参数 ε，再经过有限次迭代之后，满足 $|N-N'| < \varepsilon$ 时，则 N' 即为所求故障距离 N。

6.2.2 主网络故障距离 M 的计算

环网、双端配电网主网络可以等效为图 6-2 所示的双端网络。双端网络由等效电源 G 端和 H 端供电对长度为 L（单位为 km）的配电主线路进行供电，设故障点距离 G 端为 M（单位为 km），则距离 H 端为 $(L-M)$（单位为 km）。

首先，不考虑线路对地等效电容的分流作用，故障发生后，根据线路模型，可分别由主网络 G、H 两端的电压、电流相量得到故障点处电压相量，满足平衡方程

$$\dot{U}_{1f} = \dot{U}_{1G} - MZ_1\dot{I}_{1G} \tag{6-6}$$

$$\dot{U}_{1f} = \dot{U}_{1H} - (L-M)Z_1\dot{I}_{1H} \tag{6-7}$$

式中：$\dot{U}_{1f}$ 为故障点正序电压；$\dot{U}_{1H}$ 为 H 端故障正序电压；$\dot{I}_{1H}$ 为 H 端故障正序电流。

联立式（6-6）与式（6-7），消去 $\dot{U}_{1f}$ 得方程

$$\dot{U}_{1G} - MZ_1\dot{I}_{1G} = \dot{U}_{1H} - (L - M)Z_1\dot{I}_{1H} \tag{6-8}$$

化简得

$$M = \frac{\dot{U}_{1G} - \dot{U}_{1H} + LZ_1\dot{I}_{1H}}{Z_1(\dot{I}_{1G} + \dot{I}_{1H})} \tag{6-9}$$

式（6-9）所得 M 即为配电网主网络的故障距离。而影响主网络定位精度很重要的一个方面就是双端采样的同步性问题。虽然本文所使用的数据均来自具有 GPS 授时功能的 μPMU 装置测量得到，其具有时标的量测数据具有极高的同步性，已经大大减小了误差，但是考虑到互感器相移和输电线路对地电容等因素引入的误差，也难以直接得出 M 的实数解，因而直接求解上述复数方程会得到故障距离 M 的复数解，但其虚部相当小，用 M 的幅值作为配电网主网络的故障距离 M。

考虑线路对地等效电容的分流作用，应用故障距离 N 的校正方法，考虑线路对地电容的分流作用，两端对地电容的分流电流分别为

$$\dot{I}'_{1G} = \dot{I}_{1G} - \mathrm{j}\omega MC_1\dot{U}_{1G} \tag{6-10}$$

$$\dot{I}'_{1H} = \dot{I}_{1H} - \mathrm{j}\omega(L - M)C_1\dot{U}_{1H} \tag{6-11}$$

将 $\dot{I}_{1G}$ 和 $\dot{I}_{1H}$ 分别替换为 $\dot{I}'_{1G}$ 和 $\dot{I}'_{1H}$，代入式（6-9）对故障距离 M 重新进行计算得到校正后故障距离 M'，设置一个迭代参数 ε，再经过有限次迭代之后，满足 $|M - M'| < \varepsilon$ 时，则 M' 即为最终的配电网主网络故障距离 M。

6.2.3 分支线路故障距离 D 的计算

分支线路故障距离的计算方法与 4.2.1 中的方法基本相同，不同点在于此处的距离为主网络母线到所连接的分支线路故障点处的实际距离。对配电网络进行等效，将 μPMU 测量得到的配置处电压、电流数据等效到由 4.2.2 得到的主网络故障距离 M 处分支线路的电压电流。由于分支支路近似于单端供电系统，当线路上发生故障时，负荷端电流对故障电流影响相对较小，几乎可以忽略。因此，正序故障电流估计值 $\dot{I}_{1f}$ 可表示为

$$\dot{I}_{1f} = \dot{I}_{1M} - \dot{I}_{1ML} \tag{6-12}$$

式中：$\dot{I}_{1M}$ 为故障后主网络流入支路的等效求得电流；$\dot{I}_{1ML}$ 为主网络故障前主网络流入支路的等效求得电流。

再基于求解故障距离方法，计算分支线路上故障距离 D。例如，当如图 6 - 3 所示多分支网络的 12 节点发生故障时，故障距离 D 就是节点 3 到节点 12 的距离。

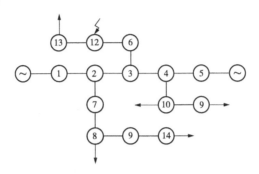

图 6 - 3　多分支网络 12 节点故障

6.2.4　线路故障位置的确定

通过比较上述三小节所得到的三个故障距离 N、M 和 D 的阈值关系，可判断故障点具体位置。其方法为：若 $M = N$，则故障发生在主线路上，故障距离为 M；若 $M \neq N$，则故障在分支线路上，故障距离为 $M + D$。综合以上步骤结果，本书提出的基于 μPMU 量测数据的电网故障定位方法具体流程如图 6 - 4 所示。

6.2.5　故障定位的相对误差

由于各种各样因素的影响，故障定位存在一定的误差，为了探讨定位的准确性，需计算故障定位的相对误差，其表达式为

$$\delta_r = \frac{|\, l' - l \,|}{L} \times 100\% \tag{6 - 13}$$

式中：l 为故障的实际距离；l' 为仿真所得的故障距离；L 为线路长度。

6.3　μPMU 仿真分析

为验证所提算法的可行性及有效性，本章在 OPENDSS 仿真软件中建立了一个双端供电的多分支辐射状 14 节点的 10kV 配电模型，仿真模型如图 6 - 5 所示，其中 μPMU 配置于母线 1 与母线 5 处。其中在工频 50Hz 的条件下，线路主要参数为：线路正序电阻 $r_1 = 0.124\,\Omega/\mathrm{km}$，零序电阻 $r_0 = 0.124\,\Omega/\mathrm{km}$，正序电感 $l_1 = 0.2292\mathrm{mH/km}$，零序电感

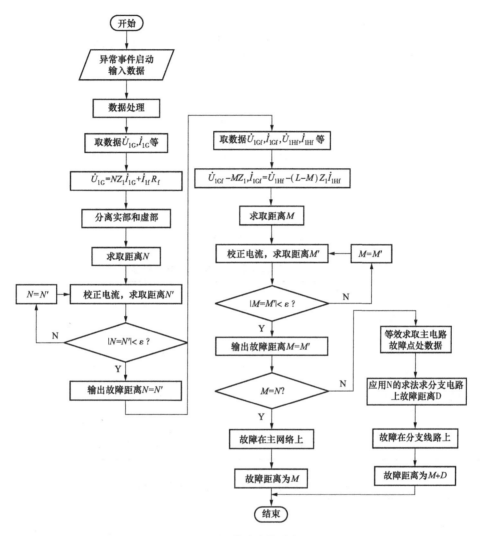

图 6 - 4　故障定位流程

$l_0 = 0.6875 \text{mH/km}$，正序电容 $c_1 = 250 \text{nF/km}$，零序电容 $c_0 = 375 \text{nF/km}$（线路参数来源于国网内蒙古东部电力有限公司基于智能电能表同步量测数据的配电网故障定位技术研究项目）。

本章在 OPENDSS 中对正常运行状态和各种故障情况进行了大量的仿真实验，鉴于论文篇幅原因，只在文中展示部分情况下的仿真数据。其中部分工作情况下的主要节点电压和主要线路电流的幅值与相角仿真结果如下列各表所示。

首先对系统正常运行情况进行仿真，表 6 - 1 记录了系统网络正常运行时主要节点电压幅值与相角数据，表 6 - 2 记录了系统网络正常运行时主要线路电流的幅值与相角数据。

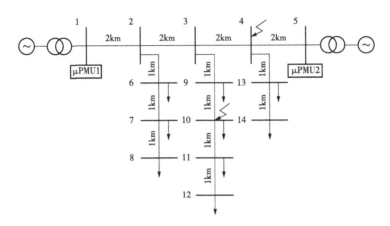

图6-5 仿真网络示意图

表6-1 系统正常运行时主要节点电压相量

母线节点	A 相		B 相		C 相	
	幅值（kV）	相角（°）	幅值（kV）	相角（°）	幅值（kV）	相角（°）
B1	5.9335	0.0	5.9335	−120.0	5.9335	120.0
B2	5.9231	0.1	5.9231	−119.9	5.9231	120.1
B3	5.9197	0.2	5.9197	−119.8	5.9197	120.2
B4	5.9256	0.1	5.9256	−119.9	5.9256	120.1
B5	5.9361	−0.1	5.9361	−120.1	5.9361	119.9

表6-2 系统正常运行时主要线路电流相量

配电线路	A 相		B 相		C 相	
	幅值（kV）	相角（°）	幅值（kV）	相角（°）	幅值（kV）	相角（°）
1—2	68.089	−88.2	68.089	151.8	68.089	31.8
5—4	66.732	−87.0	66.732	153.0	66.732	33.0
2—6	46.162	−87.7	46.162	152.3	46.162	32.3
3—9	61.625	−87.6	61.625	152.4	61.625	32.4
4—13	30.747	−87.8	30.747	152.2	30.747	32.2

在主干线路上 B4 位置设置各种类型金属性故障进行仿真，其中表6-3记录 B4 位置发生各种金属性故障时主要节点电压幅值和相角，表6-4记录 B4 位置发生各种金属性故障时主要线路电流的幅值和相角。

表 6-3　B4 位置金属性故障时主要节点电压相量

故障类型	母线节点	A 相		B 相		C 相	
		幅值（kV）	相角（°）	幅值（kV）	相角（°）	幅值（kV）	相角（°）
AG	B1	0.0034343	−147.2	10.309	−150.1	10.305	150.1
	B2	0.016362	133.6	10.292	−150.1	10.306	150.2
	B3	0.017759	129.2	10.285	−150.0	10.305	150.2
	B4	3.5798E−007	88.1	10.293	−150.1	10.303	150.2
	B5	0.015235	−55.1	10.31	−150.1	10.302	150.1
BC	B1	5.9144	0.0	4.4019	−161.8	2.2154	141.5
	B2	5.9025	0.2	3.8771	−166.2	2.3239	156.9
	B3	5.8984	0.2	3.3878	−172.0	2.5827	170.0
	B4	5.9051	0.1	2.9526	−179.9	2.9525	−179.9
	B5	5.9172	−0.1	3.568	−172.9	2.4193	169.3
BCG	B1	8.8778	0.0	1.8404	−131.7	1.8462	48.5
	B2	8.8662	0.1	1.2276	−131.2	1.2273	48.2
	B3	8.8617	0.2	0.61463	−130.7	0.61194	47.8
	B4	8.8672	0.1	4.6772E−005	−167.5	4.6729E−005	12.3
	B5	8.879	0.0	0.73297	−143.3	0.7346	38.4
ABC	B1	2.1286	−41.6	2.1286	−161.6	2.1286	78.4
	B2	1.4175	−41.5	1.4175	−161.5	1.4175	78.5
	B3	0.70818	−41.4	0.70818	−161.4	0.70818	78.6
	B4	5.3986E−005	−77.6	5.3986E−005	162.4	5.3986E−005	42.4
	B5	0.84721	−52.4	0.84721	−172.4	0.84721	67.6

表 6-4　B4 位置金属性故障时主要线路电流相量

故障类型	配电线路	A 相		B 相		C 相	
		幅值（A）	相角（°）	幅值（A）	相角（°）	幅值（A）	相角（°）
AG	1—2	56.997	−88.2	64.821	155.7	65.903	27.4
	5—4	53.764	−84.6	64.612	158.4	62.601	28.4
	2—6	48.162	−87.8	45.123	154.7	44.972	30.0
	3—9	64.28	−87.7	60.233	154.8	60.024	30.1
	4—13	32.069	−87.9	30.043	154.6	29.947	29.9
BC	1—2	75.517	−88.4	2137.2	−162.9	2158	19.0
	5—4	73.608	−86.6	2556	−173.4	2561.1	8.2
	2—6	50.996	−87.7	34.446	105.1	21.965	71.6

故障类型	配电线路	A 相		B 相		C 相	
		幅值（A）	相角（°）	幅值（A）	相角（°）	幅值（A）	相角（°）
BC	3—9	69.679	-87.5	42.041	99.5	32.552	83.2
	4—13	34.929	-87.7	18.509	92.2	8.508	92.2
BCG	1—2	78.178	-88.1	2136.7	-163.0	2158.5	19.1
	5—4	76.734	-87.0	2555.6	-173.4	2561.5	8.3
	2—6	52.037	-87.7	33.462	105.6	20.95	70.7
	3—9	70.992	-87.5	40.628	99.8	31.128	82.9
	4—13	35.582	-87.7	17.791	92.3	17.791	92.3
ABC	1—2	2479.5	-71.9	2479.5	168.1	2479.5	48.1
	5—4	2954.1	-82.6	2954.1	157.4	2954.1	37.4
	2—6	11.62	-129.3	11.62	110.7	11.62	-9.3
	3—9	7.736	-129.2	7.736	110.8	7.736	-9.2
	4—13	2.9518 E -004	-165.4	2.9518 E -004	74.6	2.9518 E -004	-45.4

在分支线路上 B10 位置设置各种金属性故障进行仿真，其中表 6-5 记录 B10 位置发生各种金属性故障时主要节点电压幅值和相角，表 6-6 记录 B10 位置发生各种金属性故障时主要线路电流幅值和相角。

表 6-5 B10 位置金属性故障时主要节点电压相量

故障类型	母线节点	A 相		B 相		C 相	
		幅值（kV）	相角（°）	幅值（kV）	相角（°）	幅值（kV）	相角（°）
AG	B1	0.021496	-63.7	10.308	-150.0	10.29	150.1
	B2	0.0060574	-80.5	10.29	-150.0	10.29	150.2
	B3	0.0045543	-78.2	10.283	-149.9	10.29	150.3
	B4	0.010188	-68.6	10.294	-150.0	10.29	150.2
	B5	0.025552	-61.3	10.311	-150.0	10.29	150.1
BC	B1	5.9177	0.0	4.685	-157.6	2.391	131.6
	B2	5.9061	0.2	4.202	-161.3	2.3424	145.3
	B3	5.902	0.2	3.7468	-166.0	2.432	158.7
	B4	5.9088	0.1	4.2039	-161.3	2.3436	145.3
	B5	5.9205	-0.1	4.6868	-157.6	2.3925	131.5

故障类型	母线节点	A 相		B 相		C 相	
		幅值（kV）	相角（°）	幅值（kV）	相角（°）	幅值（kV）	相角（°）
BCG	B1	8.8759	0.1	2.2457	−128.0	2.2615	52.9
	B2	8.8646	0.2	1.6844	−127.7	1.6929	52.8
	B3	8.8601	0.2	1.1231	−127.7	1.129	52.8
	B4	8.8672	0.2	1.6846	−127.8	1.6943	52.9
	B5	8.8787	0.1	2.2461	−128.0	2.2627	53.0
ABC	B1	2.6022	−37.5	2.6022	−157.5	2.6022	82.5
	B2	1.9501	−37.4	1.9501	−157.4	1.9501	82.6
	B3	1.3003	−37.4	1.3003	−157.4	1.3003	82.6
	B4	1.9509	−37.5	1.9509	−157.5	1.9509	82.5
	B5	2.6031	−37.5	2.6031	−157.5	2.6031	82.5

表 6-6　B10 位置金属性故障时主要线路电流相量

故障类型	配电线路	A 相		B 相		C 相	
		幅值（A）	相角（°）	幅值（A）	相角（°）	幅值（A）	相角（°）
AG	1—2	56.033	−87.1	65.114	156.3	65.166	27.2
	4—5	54.682	−86.0	64.244	157.8	63.352	28.6
	2—6	48.151	−87.8	45.112	154.7	44.972	30.0
	3—9	28.707	−82.7	60.203	154.7	60.011	30.1
	4—13	32.073	−87.9	30.045	154.6	29.955	30.0
BC	1—2	76.437	−88.3	1956.6	−158.9	1983.3	23.2
	4—5	74.96	−87.1	1957.6	−158.9	1982.4	23.2
	2—6	50.441	−88.0	34.615	110.9	20.921	59.7
	3—9	71.033	−87.5	3914.8	−158.1	3939	22.9
	4—13	33.627	−88.1	23.064	110.8	13.963	59.6
BCG	1—2	73.53	−88.4	1957.3	−158.9	1982.5	23.1
	4—5	72.061	−87.0	1958.2	−158.8	1981.8	23.1
	2—6	49.404	−88.0	35.568	110.3	21.853	61.1
	3—9	69.738	−87.5	3917.8	−158.0	3935.9	22.8
	4—13	32.935	−88.1	23.699	110.2	14.584	61.1

故障类型	配电线路	A 相		B 相		C 相	
		幅值（A）	相角（°）	幅值（A）	相角（°）	幅值（A）	相角（°）
ABC	1—2	2274	-67.9	2274	172.1	2274	52.1
	4—5	2274.2	-67.9	2274.2	172.1	2274.2	52.1
	2—6	15.986	-125.2	15.986	114.8	15.986	-5.2
	3—9	4534.5	-67.6	4534.5	172.4	4534.5	52.4
	4—13	10.667	-125.3	10.667	114.7	10.667	-5.3

为了充分验证所提算法的可行性及有效性，本章还针对其他不同故障情况进行大量的仿真分析，具体仿真数据表就不在此一一列出。故障定位结果如表6-7~表6-9所示。

表6-7给出在配电线路发生A相单相接地故障且过渡电阻为10Ω情况下，故障点位置不同时，本文算法的定位结果和相对误差。

表6-7 不同位置的故障定位结果

实际故障位置	N（km）	M（km）	D（km）	M、N关系	定位距离（km）（位置）	相对误差（%）
节点2	1.9427	1.9669	—	$M=N$	1.9669（节点2）	0.4135
节点3	3.9511	3.9694	—	$M=N$	3.9694（节点3）	0.3826
节点4	5.9441	5.9679	—	$M=N$	5.9679（节点4）	0.4009
3—4中点	4.9377	4.9673	—	$M=N$	4.9673（3—4中点）	0.4082
节点8	4.6238	1.9823	2.9775	$M\neq N$	4.9598（节点8）	0.8047
节点10	5.7286	3.9652	1.9718	$M\neq N$	5.9370（节点10）	0.7880
节点14	7.8025	5.9705	1.9643	$M\neq N$	7.9348（节点14）	0.8153
10—11中点	6.9563	3.9773	3.4595	$M\neq N$	7.4368（10—11中点）	0.7902

由表6-7的仿真结果可知：当故障发生在主网络上时，所得到的N与M两个距离近似相等，判断故障发生在主网络上；当故障发生在分支线路上时，所得到的N与M两个距离相差很大，判断故障发生在分支线路上，故障距离由$M+D$获得。总之，无论故障发生在主网络上还是发生在分支线路上，本书算法都能精确地进行定位，且定位相对误差不超过1%。

表6-8给出在节点4和节点10发生A相单相接地故障情况下，过渡电阻大小发

生变化时，本章算法的定位结果和相对误差。

表6-8　不同过渡电阻的故障定位结果

实际故障位置	过渡电阻 R_f（Ω）	N（km）	M（km）	D（km）	M、N关系	定位距离（km）（位置）	相对误差（%）
节点4	0	5.9688	5.9915	—	$M=N$	5.9915（节点4）	0.1063
	1	5.9712	5.9831	—	$M=N$	5.9831（节点4）	0.2115
	10	5.9441	5.9679	—	$M=N$	5.9679（节点4）	0.4009
	30	5.9008	5.9213	—	$M=N$	5.9213（节点4）	0.9833
节点10	0	5.6588	3.9936	1.9904	$M\neq N$	5.9840（节点10）	0.1996
	1	5.7427	3.9815	1.9779	$M\neq N$	5.9594（节点10）	0.5073
	10	5.7286	3.9652	1.9718	$M\neq N$	5.9370（节点10）	0.7880
	30	5.6005	3.9599	1.9513	$M\neq N$	5.9112（节点10）	1.1094

由表6-8的仿真结果可知：无论故障发生在主干线路还是分支线路上，均能通过 N、M 和 D 的阈值关系进行准确定位。但通过表6-8可以看出，定位相对误差随过渡电阻的增大有增大的趋势。由实际工程所知，10kV电缆配电线路故障多为电弧相接，其过渡电阻一般不超过30Ω。由表6-8可知，当过渡电阻为30Ω时，定位相对误差不超过1.5%，所以本书算法对过渡电阻有一定的适应性，在电缆配电线路中的定位精度依旧能够满足要求。

表6-9出在节点4与节点10处过渡电阻大小为10Ω情况下，发生不同类型故障时，本章算法的定位结果和相对误差。其中：AG表示A相单相接地故障，BC表示BC两相相间短路，BCG表示BC两相接地短路，ABC表示ABC三相短路。

表6-9　不同故障类型的故障定位结果

实际故障位置	故障类型	N（km）	M（km）	D（km）	M、N关系	定位距离（km）（位置）	相对误差（%）
节点4	AG	5.9441	5.9679	—	$M=N$	5.9679（节点4）	0.4009
	BC	5.9703	5.9817	—	$M=N$	5.9817（节点4）	0.2287
	BCG	5.9689	5.9833	—	$M=N$	5.9833（节点4）	0.2093
	ABC	5.9776	5.9842	—	$M=N$	5.9842（节点4）	0.1970

实际故障 位置	故障 类型	N（km）	M（km）	D（km）	M、N 关系	定位距离（km） （位置）	相对误差 （%）
节点10	A_G	5.7286	3.9652	1.9718	$M \neq N$	5.9370（节点10）	0.7880
	BC	5.7539	3.9802	1.9852	$M \neq N$	5.9654（节点10）	0.4322
	BCG	5.7507	3.9749	1.9894	$M \neq N$	5.9643（节点10）	0.4463
	ABC	5.8324	3.9905	1.9890	$M \neq N$	5.9795（节点10）	0.2557

由表6-9的仿真结果可知：无论故障发生在主干线路还是分支线路上，对于各种故障类型，本章所提算法均能通过 N、M 和 D 的阈值关系进行准确的定位。其中，三相短路时定位最为准确，相对误差最小；而发生单相接地故障时误差相对较大，但依旧可以满足定位精度的要求。

6.4 本章小结

本章提出一种基于 μPMU 量测数据的配电网故障定位方法，该方法仅对辐射型配电线路主网络两端进行 μPMU 配置，应用 μPMU 量测的故障前与故障后的母线电压及线路电流数据进行准确定位。首先，运用单端定位方法，查找故障线路，计算初始故障距离；然后，运用双端故障定位方法，对主网络进行故障定位，与单端求取距离进行比较，判断故障点在主网络还是分支线路上；最后，运用单端定位方法，计算分支线路上故障点到主网络距离，排除伪故障点，确定故障位置。并通过仿真验证该方法在不同故障位置、不同大小的过渡电阻和不同故障类型的情况下均能较为精确的进行定位，具有一定的经济性和实用性。

配电网与电力用户息息相关，快速准确的故障定位对保证电网的安全运行、提高系统供电可靠性具有重要作用。但是由于配电网具有网络结构复杂、分支较多和观测点少等特征，实现多分支配电网的准确故障定位便尤为困难。虽然现阶段国内外学者提出了很多配电网故障定位方法，但是对于多分支辐射状配电网的故障定位问题仍难以解决。为此，本书深入研究了 μPMU 原理和现有配电网故障定位原理，在辐射状配电网两端配置 μPMU 进行数据采集的基础上，提出了一种基于 μPMU 量测数据的配电网故障定位策略，主要完成了以下工作：

（1）为了对故障进行定位，首先提出了基于 μPMU 量测数据的配电网故障辨识方法。先利用监测点 μPMU 测得的阻抗变化判断故障区域，再应用 μPMU 故障录波数据进行故障类型辨识。所提方法可以准确地辨识各种故障类型，且不受故障位置和过渡电阻等因素的影响，并能将各种类型故障发生的可能性以概率的形式给出，为下一步的精确故障定位奠定了基础。

（2）针对多分支辐射状配电网的故障难以定位问题，提出了基于 μPMU 量测数据的配电网故障定位方法。所提方法通过对三个距离参数 N、M、D 的计算和比较，可以有效判断故障发生在主干线路还是分支线路上，并能精确定位。通过 OPENDSS 仿真验证，所提方法在不同故障位置、不同大小的过渡电阻和不同故障类型的情况下均能较为精确地进行定位，具有一定的经济性和实用性，可以为配电网故障检修提供支持，提高电力系统供电的可靠性。

本书是在理想环境中进行的仿真实验，缺少现场数据的支持，所提故障定位方法还需在实际配电网故障定位中进行验证、改进。

第 7 章

基于CML的配电网同步相量测量新算法的研究及仿真分析

7.1 引言

配电网受谐波和噪声干扰严重，三相不平衡现象突出，电压相量的计算难度更大。针对这些情况，为提高配电网电压相量幅值和相角的测量精度，本书提出了一种基于条件最大似然估计法（conditional maximum likeli - hood estimation, CML）的配电网微型同步相量测量单元的相量测量方法。

7.2 信号模型的建立

配电网三相不平衡系统中，第 k 相电力信号模型为

$$y_k[n] = d_k a[n] \cos(\varphi[n] + \varphi_k) + b_k[n] \tag{7-1}$$

式中：$y_k[n]$ 为 k 相电压采样得到的离散信号；$n = 0,1,\cdots,N-1$，N 为样本总数；k 为 a、b、c 三相系统；$a[n]$ 和 $\varphi[n]$ 分别为电压信号瞬时幅值和相位偏移因子；$b_k[n]$ 为高斯白噪声；d_k、φ_k 分别为电压相量的幅值和相位。

上述模型为动态模型，可以更好地对配电网实施动态监测。模型中，当系统为三相平衡系统时，φ_k 间相差 $2/3\pi$；当系统为三相不平衡系统时，φ_k 为实测值，此时 k 相的电压相量值可以表示为 $d_k e^{j\varphi_k}$，令 $c(\tau) = [d_a e^{j\varphi_a}, d_b e^{j\varphi_b}, d_c e^{j\varphi_c}]^T$，$\tau$ 为待测量构成的集合，即所求未知量，本文指电压的幅值和相位。电力信号模型的矩阵表达形式为

$$y[n] = A(\tau)s[n] + b[n] \tag{7-2}$$

式中：$A(\tau)$、$s[n]$ 分别为三相电压相量矩阵和相量偏移因子矩阵；$y[n]$ 和 $b[n]$ 分别为信号和噪声矩阵，表达式如下

$$y[n] = \begin{bmatrix} y_a[n] \\ y_b[n] \\ y_c[n] \end{bmatrix}, b[n] = \begin{bmatrix} b_a[n] \\ b_b[n] \\ b_c[n] \end{bmatrix} \tag{7-3}$$

式中：$y_a[n]$、$y_b[n]$、$y_c[n]$ 分别为 a、b、c 三相离散电压信号；$b_a[n]$、$b_b[n]$、$b_c[n]$ 分别为 a、b、c 三相噪声信号。

$A(\tau)$ 可以用 $c(\tau)$ 的实部和虚部表示

$$A(\tau) = \left[\text{Re}[c(\tau)] - \text{Im}[c(\tau)] \right] \tag{7-4}$$

分别计算偏移因子的正弦分量和余弦分量，构造矩阵 $s[n]$

$$s[n] = G(a[n], \varphi[n]) = \begin{bmatrix} a[n]\cos(\varphi[n]) \\ a[n]\sin(\varphi[n]) \end{bmatrix} \qquad (7-5)$$

式中：$G(a[n], \varphi[n])$ 为多元非线性函数，噪声选择均值为 0，方差为 δ^2 的高斯白噪声。

经上述转化，可以通过三相信号矩阵 $S = \{s[0], \cdots, s[N-1]\}$ 对 τ 求解，从而得到待测量。

7.3　算法的基本原理

在三相不平衡系统信号模型中，矩阵 $s[n]$ 中的正弦分量和余弦分量为未知量，在先验信息未知的情况下，该模型可以对正弦分量和余弦分量进行求解。然而，为了保证待测量能被唯一识别，在解决相量估计问题前，需要研究待测量唯一识别的条件。

7.3.1　参数识别的条件

根据上节 $A(\tau)$ 和 S 的定义，待测量 τ 唯一识别的条件为

$$A(\tau)S = A(\tau_2)S_2 \Rightarrow \tau = \tau_2 \qquad (7-6)$$

式中：$S_2 = [A^T(\tau_2)A(\tau_2)]^{-1} A^T(\tau_2)A(\tau)S$，$S_2$ 为 τ_2 对应的三相信号矩阵，其中，τ_2 为待测量 τ 可能出现的另一组解，$A(\tau)$ 的正交投影表达式为

$$P_A(\tau) = A(\tau)[A(\tau)^T A(\tau)]^{-1} A(\tau)^T = I - u(\tau)u(\tau)^T \qquad (7-7)$$

式中：I 为单位矩阵；$u(\tau)$ 为 $A(\tau)A(\tau)^T$ 的零特征值对应的单位标准特征向量。如果 $u(\tau) = u(\tau_2)$，则 $A(\tau)$ 和 $A(\tau_2)$ 的正交投影相等，即 $P_A(\tau) = P_A(\tau_2)$。如果 $u(\tau) = u(\tau_2)$ 时 $\tau \neq \tau_2$，所求矩阵 S_2 将不能满足上述条件，则 τ 不能被唯一识别。为了保证待测量能被唯一识别，$u(\tau)$ 和 τ 间必须满足一一对应关系。

由映射原理可知，当 $u^T A(\tau) = 0$ 的解 τ 唯一时，$u(\tau)$ 和 τ 之间就存在一一对应关系。由于 $A(\tau)$ 为 3 行 2 列的矩阵，u 是样本协方差矩阵的最小特征值所对应的特征向量，且为 3 行 1 列的常数矩阵，因此 $u^T A(\tau) = 0$ 展开后包含 2 个等式方程。要使方程有唯一解，待测量 τ 中最多包含两个变量。由于 $c(\tau)$ 中不同的待测量 τ 都可能使 $u(\tau) = u$，即 $u(\tau)$ 为定值，从而导致方程有无穷解。假设 $c(\tau)$ 中的所有待测量 τ 都满足

$\begin{bmatrix} 1 & 1 & 1 \end{bmatrix} c(\tau) = 0$，即 $\begin{bmatrix} 1 & 1 & 1 \end{bmatrix} A(\tau) = 0$。经计算无论 τ 取何值，$u(\tau)$ 都等于 $1/\sqrt{3}$ $\begin{bmatrix} 1 & 1 & 1 \end{bmatrix}^{\mathrm{T}}$，由此得出待测量能被唯一识别的条件。

待测量 τ 只有同时满足以下两个条件才能被唯一识别。

（1）τ 中最多包含 2 个未知量。

（2）$c(\tau)$ 中的所有 τ 应满足下式

$$\begin{bmatrix} 1 & 1 & 1 \end{bmatrix} c(\tau) \neq 0 \tag{7-8}$$

7.3.2　相量参数的估计

当待测量 τ 同时满足上述条件后，可以写出 τ 的最大似然估计表达式

$$\hat{\tau} = \arg \max_{\tau} L(\tau) \tag{7-9}$$

式中：$L(\tau) = \ln[p(S;\tau)]$ 为 S 的最大似然函数；$p(S;\tau)$ 为 S 的概率密度函数；$L(\tau)$ 相对于 τ 的最大化等价于对最小二乘法进行最小化

$$\sum_{n=0}^{N-1} (y[n] - A(\tau)s[n])^{\mathrm{T}} (y[n] - A(\tau)s[n]) \tag{7-10}$$

式（7-10）相对于 τ 的最小化相当于对下式进行最小化，最终得到待测相量估计值 $\hat{\tau}$ 的 CML 表达式如下

$$\hat{\tau} = \arg \min_{\tau} \mathrm{Tr}[H(\tau)\hat{R}] \tag{7-11}$$

式中：$\arg \min_{\tau}[\cdot]$ 表示取最小值；$\mathrm{Tr}[\cdot]$ 为矩阵的迹，即矩阵的对角元素之和；$H(\tau)$ 为 $A(\tau)^{\mathrm{T}}$ 的正交投影矩阵；$\hat{R}$ 为样本协方差矩阵，其表达式如下

$$\hat{R} \triangleq \frac{1}{N} \sum_{n=0}^{N-1} y[n] y[n]^{\mathrm{T}} \tag{7-12}$$

$$H(\tau) = I - A(\tau) [A(\tau)^{\mathrm{T}} A(\tau)]^{-1} A(\tau)^{\mathrm{T}} \tag{7-13}$$

将式（7-7）与式（7-13）联立得

$$H(\tau) = u(\tau)u(\tau)^{\mathrm{T}} \tag{7-14}$$

将式（7-14）代入式（7-11）得

$$\hat{\tau} = \arg \min_{\tau} \mathrm{Tr}[u(\tau)u(\tau)^{\mathrm{T}} \hat{R}] = \arg \min_{\tau} u(\tau)^{\mathrm{T}} \hat{R} u(\tau) \tag{7-15}$$

下面利用最大似然估计的不变性来确定 τ，即通过 $\hat{R}$ 估计 u，再通过 u 确定 τ 的估计值。

（1）估计 u。对式（7-15）进行最小化处理，得到 u 的估计值 $\hat{u}$，表达式如下

$$\hat{u} = \arg \min_{u} u^{\mathrm{T}} \hat{R} u \quad u^{\mathrm{T}} u = 1 \tag{7-16}$$

由于 $u^T\hat{R}u$ 为瑞利商，其最小值即为 $\hat{R}$ 的最小值，所以 $\hat{u} = g$，g 为样本协方差矩阵 $\hat{R}$ 的最小特征值所对应的特征向量。

（2）估计 τ。$u(\tau)$ 是 $A(\tau)A(\tau)^T$ 的零特征值对应的单位标准特征向量，所以 $u(\tau)^T A(\tau) = 0$。用 $\hat{\tau}$ 和 g^T 分别代替 τ 和 $u^T(\tau)$，可以得出

$$g^T A(\hat{\tau}) = 0 \qquad (7-17)$$

利用复数 i，式（7-17）可以进一步表示为

$$g^T A(\hat{\tau}) \begin{bmatrix} 1 \\ -i \end{bmatrix} = 0 \qquad (7-18)$$

将 g 代入式（7-18）可以最终求解出 $\hat{\tau}$ 值。

7.4 算法的具体步骤

根据系统的具体运行情况，分别对待测量 τ 进行求解，算法的具体步骤如下（见图 7-1）。

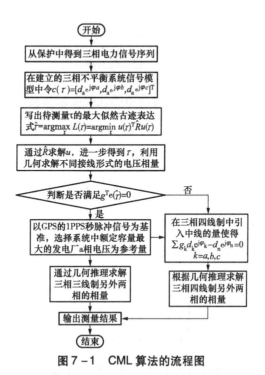

图 7-1 CML 算法的流程图

为了更直观的利用上述算法对待测相量进行求解，下一节将根据系统的具体接线形式（包括三相三线制和三相四线制）将 CML 法转换成几何问题分别进行求解。

条件最大似然估计法在选定参考电压相量的基础上可以通过简单的几何图形分别对三相三线制和三相四线制剩余相的电压幅值和相位进行估计。

7.5.1 三相三线制的相量估计

$A(\tau)$ 由 $c(\tau)$ 的实部和虚部组成，则式（7-17）可以转化为通过对三相矩阵 $c(\hat{\tau})$ 和特征相量 g 正交来求出在配电网三相不平衡系统中的 $\hat{\tau}$ 值

$$g^{\mathrm{T}}c(\hat{\tau}) = 0 \qquad (7-19)$$

图 7-2 为配电网三相三线制接线图，三相电压的幅值分别为 d_a、d_b、d_c，相位分别为 φ_a、φ_b、φ_c。

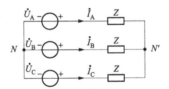

图7-2 三相三线制接线图

式（7-19）中的正交条件可以通过简单的几何图形来描述。令 $g = [g_a, g_b, g_c]^{\mathrm{T}}$，$g_a$、$g_b$、$g_c$ 为特征相量 g 在 a、b、c 三相上的分解量，进而得到三相三线制不平衡系统的关系式

$$\sum_{k=a,b,c} g_k d_k \mathrm{e}^{\mathrm{j}\varphi_k} = 0 \qquad (7-20)$$

式（7-20）的几何解释如图 7-3 所示。$g_k d_k$ 对应图 7-3 中三角形的边长，通过内外角法则可以求出三角形的各内角

$$\begin{cases} \alpha_{ac} = \varphi_c - \varphi_a - \pi \\ \alpha_{ab} = \pi - \varphi_b + \varphi_a \\ \alpha_{bc} = \pi - \varphi_c + \varphi_a \end{cases} \qquad (7-21)$$

利用上述关系，可以将条件最大似然估计问题转化成几何问题进行求解。

在配电网的三相平衡系统中，相位之间的角偏移量等于 $2\pi/3$，此时图 7-3 中的三角形变为等边三角形。

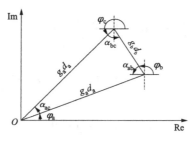

图 7 - 3 式 (7 - 20) 的几何解释

考虑到 GPS 卫星授时精度对相角测量精度的影响,将 GPS 的 1 PPS 秒脉冲作为基准信号,以系统中额定容量最大的发电厂电压信号作为参考(周期为 T,频率为 f),计算测量站 a 相的电压相量。由于 a 相电压相量是根据远端发电机电压求出的,受系统影响较小,以 a 相为基准用 CML 法对 b、c 相的电压相量进行估计,从而降低了配电网谐波、频率波动等对测量精度的影响。测量站 a 相电压相对于参考站的电压相角和幅值分别为

$$d_{\mathrm{a}} = \sqrt{\left\{ (2\pi f)^2 \left[y(t)^{(3)} \right]^2 + \left[y(t)^{(4)} \right]^2 \right\} / (2\pi f)^8}$$
$$\varphi_{\mathrm{a}} = 2\pi(t_2 - t_1)/T \tag{7-22}$$

式中:t_1、t_2 为秒脉冲到来时刻;$y(t)^{(\cdot)}$ 为输入信号的导数。

根据式(7 - 22)进一步对 b、c 相的电压幅值和相位进行估计。待求的幅值参数为 d_{b}、d_{c};待求的相位参数为 φ_{b} 和 φ_{c},为了方便计算,令参考发电机机端 a 相的电压幅值和相位分别取 $d_{\mathrm{a}} = 1$ 标幺值、$\varphi_{\mathrm{a}} = 0rad$。

(1)幅值估计。当待求量 $\tau = \{d_{\mathrm{b}}, d_{\mathrm{c}}\}$ 时,在图 7 - 3 中利用三角形正弦定理对 d_{b} 和 d_{c} 进行求解,经化简后,d_{b} 和 d_{c} 的估计值表达式为

$$\hat{d}_{\mathrm{b}} = -\frac{g_{\mathrm{a}} \sin(\hat{\varphi}_{\mathrm{c}})}{g_{\mathrm{b}} \sin(\hat{\varphi}_{\mathrm{c}} - \hat{\varphi}_{\mathrm{b}})}$$
$$\hat{d}_{\mathrm{c}} = -\frac{g_{\mathrm{a}} \sin(\hat{\varphi}_{\mathrm{b}})}{g_{\mathrm{c}} \sin(\hat{\varphi}_{\mathrm{c}} - \hat{\varphi}_{\mathrm{b}})} \tag{7-23}$$

(2)相位估计。当待求量 $\tau = \{\varphi_{\mathrm{b}}, \varphi_{\mathrm{c}}\}$ 时,利用三角形余弦定理可以得到

$$\begin{cases} g_{\mathrm{c}}^2 d_{\mathrm{c}}^2 = g_{\mathrm{a}}^2 + g_{\mathrm{b}}^2 d_{\mathrm{b}}^2 - 2g_{\mathrm{a}} g_{\mathrm{b}} d_{\mathrm{b}} \cos(\alpha_{\mathrm{ab}}) \\ g_{\mathrm{b}}^2 d_{\mathrm{b}}^2 = g_{\mathrm{a}}^2 + g_{\mathrm{c}}^2 d_{\mathrm{c}}^2 - 2g_{\mathrm{a}} g_{\mathrm{c}} d_{\mathrm{c}} \cos(\alpha_{\mathrm{ac}}) \end{cases} \tag{7-24}$$

进而可以获得相角的估计值 $\hat{\varphi}_{\mathrm{b}}$、$\hat{\varphi}_{\mathrm{c}}$ 为

$$\hat{\varphi}_{\mathrm{b}} = \arccos\left(\frac{g_{\mathrm{c}}^2\hat{d}_{\mathrm{c}}^2 - g_{\mathrm{a}}^2 - g_{\mathrm{b}}^2\hat{d}_{\mathrm{b}}^2}{2g_{\mathrm{a}}g_{\mathrm{b}}\hat{d}_{\mathrm{c}}}\right)$$

(7-25)

$$\hat{\varphi}_{\mathrm{c}} = \arccos\left(\frac{g_{\mathrm{c}}^2\hat{d}_{\mathrm{c}}^2 + g_{\mathrm{a}}^2 - g_{\mathrm{b}}^2\hat{d}_{\mathrm{b}}^2}{2g_{\mathrm{a}}g_{\mathrm{c}}\hat{d}_{\mathrm{c}}}\right) + \pi$$

将式 (7-23)、式 (7-25) 联立即可分别求出 b、c 相的电压幅值和相位。

7.5.2 三相四线制的相量估计

图 7-4 为配电网系统三相四线制供电方式,此时 $g^{\mathrm{T}}c(\hat{\tau}) \neq 0$,如果中性线上的电压相量为 $d_{\mathrm{n}}\mathrm{e}^{\mathrm{j}\varphi_{\mathrm{n}}}$,则式 (7-20) 变为如下表达式

$$\sum_{k=a,b,c} g_k d_k \mathrm{e}^{\mathrm{j}\varphi_k} - d_{\mathrm{n}}\mathrm{e}^{\mathrm{j}\varphi_{\mathrm{n}}} = 0$$

(7-26)

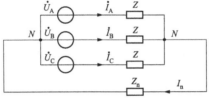

图 7-4 三相四线制接线图

按照三相三线制的求解方式,可以将式 (7-26) 表示为图 7-5 的几何形式。

在图 7-5 中,通过四边形和三角形的内外角法则求得四边形的各内角如下。

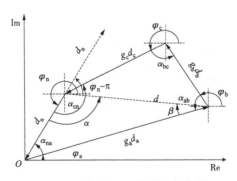

图 7-5 式 (7-25) 的几何解释

$$\begin{cases} \alpha_{\mathrm{na}} = \varphi_{\mathrm{n}} - \pi - \varphi_{\mathrm{a}} \\ \alpha_{\mathrm{ab}} = \pi - \varphi_{\mathrm{b}} + \varphi_{\mathrm{a}} \\ \alpha_{\mathrm{bc}} = \pi - \varphi_{\mathrm{c}} + \varphi_{\mathrm{b}} \\ \alpha_{\mathrm{cn}} = \pi - \varphi_{\mathrm{n}} + \varphi_{\mathrm{c}} \end{cases}$$

(7-27)

为了保证待测量 τ 只有 2 个未知量，三相四线制系统需要选取 2 个量作为基准相量，本文取 $k=a$ 和 $k=n$ 两项。$k=n$ 时，通过中线电流计算模块检测上、下电容电压差来求解中线电流相量，进而得到中性点的电压[59]，中线电流的计算流程如图 7-6 所示。

图 7-6　中线电流的计算

中线电流 i_n 的计算公式如下

$$i_n = \Delta u_{ddc} C_{dc}/(\mu T_s) \tag{7-28}$$

式中：Δu_{ddc} 为中点箝位式三电平逆变器中的上、下电容电压差；C_{dc} 为上、下电容容值差；μ 为影响因子；T_s 为采样时间间隔。

利用式（7-26）对 b、c 相电压相量的幅值和相位进行估计，待求的幅值参数为 d_b、d_c；待求的相位偏移参数为 φ_b、φ_c。为了便于分析和比较，测试中取 $\varphi_n = 4/3\pi$rad，$d_n = d_a = 1$ 标幺值，$\varphi_a = 0$rad 作为基准值，则幅值和相位参数的估计如下

$$\hat{d} = \sqrt{\frac{g_a^2 + d_n^2 - g_a d_a}{2}}, \alpha = \arcsin\frac{\sqrt{3}/2 d_a}{\hat{d}}, \beta = \arcsin\frac{\sqrt{3}/2 g_a}{\hat{d}} \tag{7-29}$$

$$\hat{d}_b = \frac{\hat{d}\sin(\beta - \hat{\varphi}_c)}{g_b\sin(\hat{\varphi}_c - \hat{\varphi}_b)}, \hat{d}_c = \frac{\hat{d}\sin(\hat{\varphi}_b + \alpha)}{g_b\sin(\hat{\varphi}_c - \hat{\varphi}_b)}$$

$$\hat{\varphi}_b = \pi - \alpha - \arccos\left(\frac{\hat{d}^2 + g_c^2\hat{d}_c^2 - 2g_b^2\hat{d}_b^2}{2\hat{d}g_c\hat{d}_c}\right), \tag{7-30}$$

$$\hat{\varphi}_c = \beta - \pi - \arccos\left(\frac{\hat{d}^2 + g_c^2\hat{d}_c^2 - 2g_b^2\hat{d}_b^2}{2\hat{d}g_c\hat{d}_c}\right)$$

式中：$\hat{d}$、$\hat{d}_b$、$\hat{d}_c$ 分别为图 7-5 中对角线长度及 b 相、c 相电压幅值的估计值。

7.6　算法的仿真分析

7.6.1　算法的性能分析

通过 Matlab 对 CML 的估计性能进行分析，用均方误差（mean square error，MSE）作为衡量估计性能的标准。M_{MSE} 是一种简单的衡量平均误差的方法，它可以评价数据

的变化程度，其值越小，说明预测模型描述实验数据具有越好的精确度。均方误差的表达式如下：

$$M_{\mathrm{MSE}}[\hat{\tau}] = B_{\mathrm{bias}}^2(\hat{\tau}) + V_{\mathrm{var}}(\hat{\tau}) \tag{7-31}$$

式中：$B_{\mathrm{bias}}(\hat{\tau})$ 和 $V_{\mathrm{var}}(\hat{\tau})$ 分别为待测量估计值的偏差和方差。三相电压的幅值和相位参数分别设置为 $d_{\mathrm{a}} = 1$ 标幺值、$d_{\mathrm{b}} = 1.2$ 标幺值、$d_{\mathrm{c}} = 0.75$ 标幺值、$\varphi_{\mathrm{a}} = 0\ \mathrm{rad}$、$\varphi_{\mathrm{b}} = 2.29\ \mathrm{rad}$、$\varphi_{\mathrm{c}} = 4.68\ \mathrm{rad}$；瞬时幅值偏移参数 $a[n]$ 和瞬时相位偏移参数 $\varphi[n]$ 各自的表达式如下

$$a[n] = 1 + 0.1\cos(2\pi f_{\mathrm{m}} n/F_{\mathrm{e}}), \tag{7-32}$$
$$\varphi[n] = 2\pi f_0 n/F_{\mathrm{e}} + 0.1\cos(2\pi f_{\mathrm{m}} n/F_{\mathrm{e}} - \pi)$$

式中：f_{m} 为调制频率，$f_{\mathrm{m}} = 5\ \mathrm{Hz}$；$f_0$ 为基波频率，$f_0 = 50\ \mathrm{Hz}$；F_{e} 为采样频率 $F_{\mathrm{e}} = 1000\ \mathrm{Hz}$。

信噪比（signal – noise ratio，SNR）的计算公式为

$$S_{\mathrm{SNR}}(\hat{\tau}) = 10\log\left\{\frac{\mathrm{Tr}[A(\hat{\tau})S\,S^{\mathrm{T}}A(\hat{\tau})^{\mathrm{T}}]}{3N\delta^2}\right\} \tag{7-33}$$

式中：N 为样本总数；δ 为噪声方差。

利用蒙特卡罗方法求出每个估计值的均方误差，然后把不同数据长度和信噪比下的克拉美罗界（Cramer – Rao Bound，CRB）和均方误差进行比较和分析，结果见表 7-1 和表 7-2。克拉美罗界 CRB 的计算公式见式（7-34）

$$C_{\mathrm{CRB}}(\hat{\tau}) = \frac{4\delta^2\,\|v\|^2}{3N} \times \frac{h\,R_{\mathrm{x}}\,h^{\mathrm{T}}}{\hat{\tau}^2\det(R_{\mathrm{x}})} \tag{7-34}$$

式中：$h = [-1/2, \sqrt{3}/2]$；$R_{\mathrm{x}} = \dfrac{1}{N}\displaystyle\sum_{n=0}^{N-1} s[n]s[n]^{\mathrm{T}}$；$v = [\hat{d}_{\mathrm{a}}\mathrm{e}^{\mathrm{j}\varphi_{\mathrm{a}}}, \hat{d}_{\mathrm{b}}\mathrm{e}^{\mathrm{j}\varphi_{\mathrm{b}}}, \hat{d}_{\mathrm{c}}\mathrm{e}^{\mathrm{j}\varphi_{\mathrm{c}}}]^{\mathrm{T}}$ 为待测量估计值构成的三行一列向量；$\|\cdot\|$ 为计算范数；$\det(\cdot)$ 为取行列式。

表 7-1　当 $\delta^2 = 4.10^{-2}$ 时，d_{k} 估计值的 C_{CRB}、V_{var} 和 B_{bias}^2 之间的关系

参数		C_{CRB} $(\times10^{-3})$	实验值			估计值		
	N		M_{MSE} $(\times10^{-3})$	V_{var} $(\times10^{-3})$	B_{bias}^2 $(\times10^{-3})$	M_{MSE} $(\times10^{-3})$	V_{var} $(\times10^{-3})$	B_{bias}^2 $(\times10^{-3})$
d_{c}	100	17.8	18.1	18.1	0.0	19.3	19.2	0.0
	200	10.1	11.3	11.3	0.0	12.7	12.7	0.0
	1 000	2.6	2.8	2.8	0.0	3.1	3.1	0.0

参数		实验值			估计值		
	N	C_{CRB} ($\times 10^{-3}$)	M_{MSE} ($\times 10^{-3}$)	V_{var} ($\times 10^{-3}$)	B_{bias}^2 ($\times 10^{-3}$)	M_{MSE} ($\times 10^{-3}$)	V_{var} ($\times 10^{-3}$)	B_{bias}^2 ($\times 10^{-3}$)
d_b	100	49.5	51.3	51.3	0.0	52.4	52.4	0.0
	200	28.1	29.7	29.7	0.0	30.9	30.8	0.0
	1 000	6.9	7.1	7.1	0.0	7.3	7.3	0.0

表 7 - 2　当样本数 $N=200$ 时，d_k 估计值的 C_{CRB}、V_{var} 和 B_{bias}^2 之间的关系

参数		实验值			估计值		
	S_{SNR} (dB)	C_{CRB} ($\times 10^{-3}$)	M_{MSE} ($\times 10^{-3}$)	V_{var} ($\times 10^{-3}$)	B_{bias}^2 ($\times 10^{-3}$)	M_{MSE} ($\times 10^{-3}$)	V_{var} ($\times 10^{-3}$)	B_{bias}^2 ($\times 10^{-3}$)
d_c	5	2.3	2.3	2.3	0.0	2.4	2.4	0.0
	15	1.7	1.7	1.7	0.0	1.8	1.8	0.0
	25	1.4	1.4	1.4	0.0	1.6	1.6	0.0
d_b	5	1.6	1.3	1.2	0.1	1.4	1.8	0.1
	15	1.2	1.2	1.2	0.0	1.3	1.3	0.0
	25	0.8	0.8	0.8	0.0	0.7	0.8	0.0

由表 7 - 1 和表 7 - 2 可见，所有偏差的平方值都接近或等于 0。比较表 7 - 1 中的 C_{CRB} 和 M_{MSE} 发现，当 S_{SNR} 固定时，不同样本下的 C_{CRB} 和 M_{MSE} 都不相等，而表 7 - 2 则不同。通过观察可以发现，当 S_{SNR} 固定时，本文的 CML 法是无效的；当 N 固定时，CML 法是有效的。图 7 - 7 为正弦信号的幅值和相位调制图。

图 7 - 8 为利用 CML 法进行幅值估计的性能分析，S_{SNR} 的取值范围为 - 20 ~ 50dB。由图 7 - 8 可见，$\hat{d}_c$ 的 M_{MSE} 和 S_{SNR} 比 $\hat{d}_b$ 要小，这是由 $d_c < d_b$ 所致。当 S_{SNR} 或 N 较大时，$M_{MSE}[\hat{d}_b]/M_{MSE}[\hat{d}_c]$ 为定值。结合表 7 - 1 和表 7 - 2 得出，当 N 固定，$S_{SNR} \to \infty$ 时，估计值能满足信噪比的要求，符合条件最大似然估计的特性。

图 7 - 9 为利用 CML 进行相位估计的性能分析。由图 7 - 9 可见，除 N 或 S_{SNR} 很小外，$\hat{\varphi}_b$ 的 M_{MSE} 总是小于 $\hat{\varphi}_c$，且当 $\hat{\varphi}_b = 2\pi/3$ rad，$\hat{\varphi}_c = 4\pi/3$ rad 时，$\hat{\varphi}_b$ 和 $\hat{\varphi}_c$ 具有相同的特性。在 S_{SNR} 较小时，CML 所求估计值的 S_{SNR} 和 M_{MSE} 是非相关的，但当 N 取固定值，$S_{SNR} \to \infty$ 时，CML 对角度和幅值的估计具有相同的特性，且样本数量越大估计精度越高。

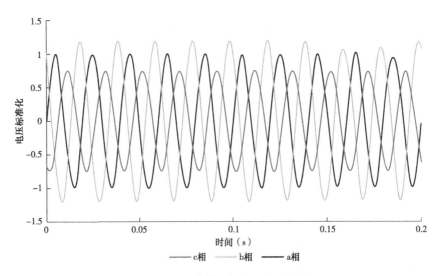

图7-7 正弦信号幅值和相位调制

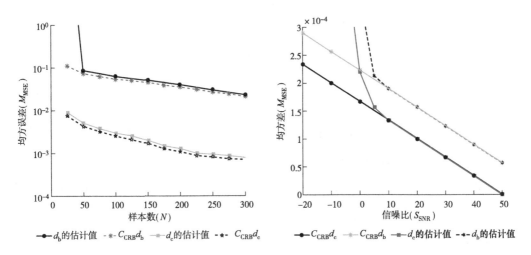

图7-8 幅值参数 d_b 和 d_c 估计值的均方差分别与样本数
（N=200）、信噪比（S_{SNR} = 10 dB）的关系

7.6.2 算法的算例仿真分析

利用 CML 法、泰勒傅里叶变换法（Taylor – Fourier transform，TFT）和加权最小二乘法（weighted least squares，WLS）分别对系统进行稳态、动态及暂态性能测试，以相量总误差（total vector error，TVE）作为各算法测量性能的评价标准，$T_{TVE}(n)$ 的计算表达式如式（7-35）所示。

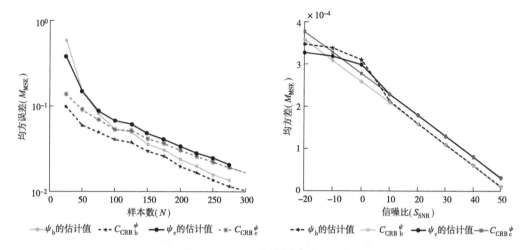

图 7-9 相位参数 φ_b 和 φ_c 估计值的均方误差分别与样本数
（$N=200$）、信噪比（$S_{SNR}=10$ dB）的关系

$$T_{TVE}(n) = \frac{|X_{in}(n) - X_{es}(n)|}{|X_{in}(n)|} \times 100\% \qquad (7-35)$$

式中：$X_{in}(n)$、$X_{es}(n)$ 分别为电压相量的输入值和估计值，$n=0,1,\cdots,N-1$。

1. 稳态测试

（1）频偏测试。配电网在实际运行中的频率并不是固定不变的，系统频率总是在额定频率附近波动。电力系统中当总有功出力与总负荷发生不平衡或任何一处负荷发生变化时，都会导致全系统功率的不平衡，引起频率偏移。由于频率偏移会直接影响到相角的测量精度，因此频偏测试对提高系统的监测、保护和控制水平具有重要意义。

对信号额定频率添加 ±5 Hz 的频偏，测试中步长取 0.1Hz。每步在 $[0,2\pi]$ 中取200 个不同的初相位进行测试，各算法的最大 T_{TVE} 误差测试结果如图 7-10 所示。

由图 7-10 可见，CML 法的 T_{TVE} 误差远小于 1%，且小于其他算法，说明该算法在频率波动时的估计性能较好。标准中 1% 的 T_{TVE} 误差对应 0.57°的相位误差，而 WLS 法和 TFT 法在低频差下的 T_{TVE} 误差较大，不能满足配电网相角误差小于 0.1°的要求，进而影响系统状态估计、故障定位的精度及继电保护装置的动作特性。

（2）谐波测试。在测试信号中添加幅值为 0.01 标幺值的单一谐波

$$y(t) = \cos(\omega_0 t) + 0.01 \times \cos(h\omega_0 t + \varphi_h) \qquad (7-36)$$

式中：h 代表谐波次数，取值范围为 2~50；φ_h 为 h 次谐波的相位角；ω_0 为发电机的额定转速。

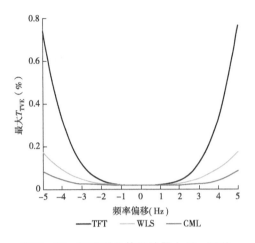

图 7 – 10 频偏时各算法的最大 T_{TVE} 误差

在 $[0，2\pi]$ 中取 200 个不同的 φ_h 值，将不同阶次的信号分别作为各算法的输入信号。对所有算法的最大 T_{TVE} 误差进行比较，比较结果如图 7 – 11 所示。

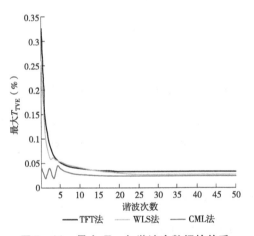

图 7 – 11 最大 T_{TVE} 与谐波次数间的关系

由图 7 – 10 和图 7 – 11 可见，当系统信号受频偏和谐波影响时，CML 法的测量性能总体上看要优于 TFT 法和 WLS 法，且最大 T_{TVE} 误差能满足 1% 的要求。对于低次谐波，TFT 法和 WLS 法的测量性能不佳，CML 的 T_{TVE} 误差虽然波动明显，但误差总值很小。

2. 动态和暂态测试

（1）幅值和相位调制测试。测试中的输入信号为

$$y(t) = Y_m 1 + \{k_x \cos(\omega t) \times \cos[\omega_0 t + k_y \cos(\omega t - \pi)]\} \qquad (7 - 37)$$

式中：Y_m 为信号的幅值；k_x 和 k_y 分别为幅值调制和相位调制的深度。

调制频率从0.1Hz变化到5Hz，步长为0.1Hz，每步取200个样本测试，测试结果见表7-3。由表7-3可见，CML法的误差要优于其他算法，测量精度能满足$T_{TVE}<1\%$的要求。

（2）幅值/相位阶跃响应。信号幅值/相位阶跃响应模型为

$$y(t) = Y_m[1 + k_z f_1(t)] \times \cos[\omega_0 t + k_w f_1(t)] \qquad (7-38)$$

式中：$f_1(t)$为单位阶跃函数；k_z、k_w分别为幅值和相位阶跃函数的深度。

表7-3　幅值和相位调制结果

算法	k_x（标幺值）	K_y（标幺值）	最大T_{TVE}误差（%）	标准（%）
TFT	0.1	0	0.0834	1
	0	0.1	0.0768	1
	0.1	0.1	0.1088	1
WLS	0.1	0	0.0102	1
	0	0.1	0.0095	1
	0.1	0.1	0.0133	1
CML	0.1	0	0.0074	1
	0	0.1	0.0068	1
	0.1	0.1	0.0096	1

测试中$k_z = k_w = 0.1$标幺值，当信号的幅值发生阶跃响应时，各算法对相量幅值和T_{TVE}误差的估计如图7-12所示。当信号相位发阶跃响应时，各算法对相量相角及T_{TVE}误差的估计如图7-13所示。由图7-12和图7-13可见，本文CML法能准确地跟踪阶跃变化，而TFT的阶跃响应性较差，各算法幅值和相位阶跃响应的最大T_{TVE}值几乎相等，分别为5%、9%。

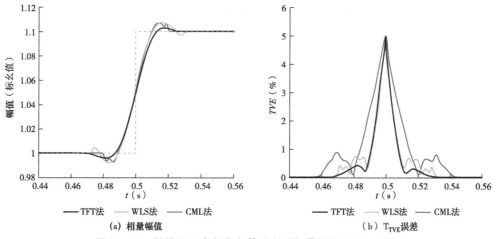

图7-12　幅值阶跃变化中各算法所测相量幅值及T_{TVE}误差

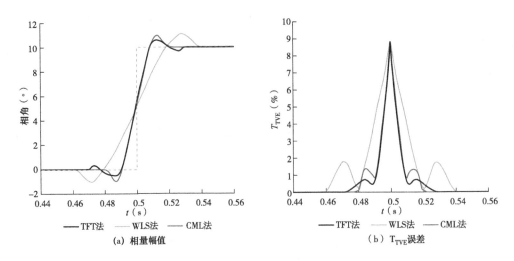

(a) 相量幅值　　　　　　　　　　　（b）T_{TVE} 误差

图 7 – 13　相位阶跃变化中各算法所测相量相角及 T_{TVE} 误差

　　本章提出了一种基于 CML 的同步相量测量新算法，当相量参数满足最多包含两个未知量，且待测量矩阵与单位矩阵正交不等于零时，其最大似然估计值可以通过求解与相量参数协方差矩阵的特征相量相正交的相量来确定，进而转化成利用几何图形的边长和内角来对相量进行求解，从而降低了运算量。仿真测试中，首先通过均方误差验证了 CML 法的估计性能，然后将 CML 法、TFT 法和 WLS 法三种方法分别进行稳态、动态及暂态测试，并对测试结果进行了比较，测试结果表明，本文所提的 CML 法能满足测量标准的要求，对配电网 μPMU 相量测量精度的提高具有重要意义。然而，CML法的估计性能很大程度上取决于基准相的测量精度，因此，高精度的基准相测量方法的研究对进一步优化该方法具有重要意义。

第 8 章

CML法基准相的优化及系统频率测量

CML 法的估计精度很大程度上取决于基准相的测量精度，前述以 GPS 的 1PPS 秒脉冲作为基准信号，以系统中额定容量最大的发电机电压信号作为参考，通过测量站得到基准相的电压相量。为了充分考虑配电网的三相不平衡突出的特点，本章对系统不同运行情况下基准相的求解进一步研究，提出了一种对基准相相量和系统频率求解的最大似然估计法，并对基准相优化后的 CML 法的相量和频率估计性能进一步分析。

8.1 相量测量模型

在传统测量模型的基础上，本章提出了一种含噪声的统计信号处理模型，模型通过对系统信号进行采样、离散傅里叶变换及对称分量变换来描述系统信号的统计特性，分别从非额定频率下的三相不平衡系统、三相平衡系统及额定频率系统 3 个方面对模型进行阐述。

8.1.1 三相不平衡系统测量模型

在额定频率 f_0（50Hz）下利用 DFT 变换器得到系统信号的复数相量，即在随机信号 $y[n]$ 的一个周波内利用离散傅里叶变换法得到信号的相量序列

$$Y[k] = \frac{\sqrt{2}}{N} \sum_{n=k}^{k+N-1} y[n] e^{-j\lambda n}, k = 0, \cdots, k-1 \qquad (8-1)$$

式中：k 代表 DFT 采样窗的起始时刻；N 为每周波采样数，$n \hat{I} Z$。

假设频率为 $f_0 + \Delta f$ 的三相电压信号为纯正弦信号，Δf 为系统实际频率相对于额定频率的偏移量。三相电压的幅值分别为 Y_a、Y_b、Y_c，三相电压的相角分别为 φ_a、φ_b、φ_c，对频率为 f_0 的信号每周波进行 N 次采样，得到含噪声的三相离散信号模型。

$$
\begin{bmatrix} y_a[n] \\ y_b[n] \\ y_c[n] \end{bmatrix} = \begin{bmatrix} Y_a\cos(\tau\dfrac{f_0 + \Delta f}{f_0}n + \varphi_a) \\ Y_b\cos(\tau\dfrac{f_0 + \Delta f}{f_0}n + \varphi_b) \\ Y_c\cos(\tau\dfrac{f_0 + \Delta f}{f_0}n + \varphi_c) \end{bmatrix} + w_{a,b,c}[n] \qquad (8-2)
$$

$$= \frac{1}{2}e^{j\tau\frac{f_0+\Delta f}{f_0}n}y + \frac{1}{2}e^{j\tau\frac{f_0+\Delta f}{f_0}n}y^* + w_{a,b,c}[n]$$

式中：$\tau = 2\pi/N$；$y = [Y_a \mathrm{e}^{j\varphi_a}; Y_b \mathrm{e}^{j\varphi_b}, Y_c \mathrm{e}^{j\varphi_c}]^T$ 为矩阵 y 的共轭；$w_{a,b,c}[n]$ 为协方差矩阵为 $\delta^2 I$ 的高斯白噪声序列；I 为三阶单位矩阵。

$$\sum_{n=k}^{k+N-1} \mathrm{e}^{j\alpha n} = \frac{\sin(\alpha N/2)}{\sin(\alpha/2)} \mathrm{e}^{j\alpha(k+\frac{N-1}{2})} \ \forall \ \alpha \in R \tag{8-3}$$

将式（8-1）代入式（8-2），利用关系式（8-3）对三相电压序列 $y_a[n]$、$y_b[n]$、$y_c[n]$ 变形可以得到系统的三相电压采样序列

$$\begin{bmatrix} Y_a[k] \\ Y_b[k] \\ Y_c[k] \end{bmatrix} = \frac{\sqrt{2}}{N} \begin{bmatrix} \displaystyle\sum_{n=k}^{k+N-1} y_a[n] \mathrm{e}^{-j\tau n} \\ \displaystyle\sum_{n=k}^{k+N-1} y_b[n] \mathrm{e}^{-j\tau n} \\ \displaystyle\sum_{n=k}^{k+N-1} y_c[n] \mathrm{e}^{-j\tau n} \end{bmatrix} \tag{8-4}$$

$$= \frac{1}{\sqrt{2}} P \mathrm{e}^{j\tau k \Delta f/f_0} v + \frac{1}{\sqrt{2}} Q \mathrm{e}^{-j\tau k(2f_0 + \Delta f)/f_0} v^* + \frac{\sqrt{2}}{N} \sum_{n=k}^{k+N-1} w_{a,b,c}[n] \mathrm{e}^{-j\tau n}$$

$$P = \frac{\sin(\tau \frac{N\Delta f}{2f_0})}{N\sin(\tau \frac{\Delta f}{2f_0})} \mathrm{e}^{j\tau \frac{\Delta f}{f_0} \frac{N-1}{2}}, Q = \frac{\sin(\tau N \frac{2f_0 + \Delta f}{2f_0})}{N\sin(\tau \frac{2f_0 + \Delta f}{2f_0})} \mathrm{e}^{-j\tau \frac{2f_0 + \Delta f}{f_0} \frac{N-1}{2}} \tag{8-5}$$

P、Q 为动态相量校正因子，其值与频率变化率 Δf 有关，与采样窗的起始位置 k，以及电压的幅值和相位无关。

对三相电压采样序列进行对称分量变换，从而得到正序、负序和零序电压采样序列

$$\begin{bmatrix} Y_0[k] \\ Y_1[k] \\ Y_2[k] \end{bmatrix} = \frac{1}{3} \begin{bmatrix} 1 & 1 & 1 \\ 1 & \alpha & \alpha^2 \\ 1 & \alpha^2 & \alpha \end{bmatrix} \begin{bmatrix} Y_a[k] \\ Y_b[k] \\ Y_c[k] \end{bmatrix} \tag{8-6}$$

式中：下角 0，1，2 分别代表负序、正序和零序，$\alpha = \mathrm{e}^{j2\pi/3}$，将式（8-4）代入式（8-6）得

$$Y_0[k] = P \mathrm{e}^{j\tau k \Delta f/f_0} C_0 + Q \mathrm{e}^{-j\tau k(2f_0 + \Delta f)/f_0} C_0^* + W_0[k]$$

$$Y_1[k] = P \mathrm{e}^{j\tau k \Delta f/f_0} C_1 + Q \mathrm{e}^{-j\tau k(2f_0 + \Delta f)/f_0} C_1^* + W_1[k] \tag{8-7}$$

$$Y_2[k] = P \mathrm{e}^{j\tau k \Delta f/f_0} C_2 + Q \mathrm{e}^{-j\tau k(2f_0 + \Delta f)/f_0} C_2^* + W_2[k]$$

$$[C_0, C_1, C_2]T = \sqrt{2}My/6$$

$$[W_0[k], W_1[k], W_2[k]]T = \frac{\sqrt{2}}{3N}M \sum_{n=k}^{k+N-1} w_{a,b,c}[n] e^{-j\tau n} \qquad (8-8)$$

式中：$MM^H = 3I$；$W_0[k]$，$W_1[k]$，$W_2[k]$ 为相互独立的高斯噪声序列，其方差为 $3\delta^2/N$。由式（8-7）可见，考虑三相不平衡后 μPMU 在额定频率下测量的相量是由正序、负序和零序分量组成，由于系统实际运行中频率是波动的，因此，测量相量与真实相量 C_0, C_1, C_2 间将存在偏差。

本文主要对三相不平衡系统的三序相量模型进行研究，利用式（8-7）中的 K 个测量值对相量及频率变化率进行估计。平衡系统不包含零序分量，而当系统不平衡时会存在零序分量，考虑零序分量后的测量模型为

$$
\begin{aligned}
\tilde{y}_0 &= PC_0 \tilde{e}_1 + QC_0^* \tilde{e}_2 + \tilde{w}_0, \\
\tilde{y}_1 &= PC_1 \tilde{e}_1 + QC_1^* \tilde{e}_2 + \tilde{w}_1, \\
\tilde{y}_2 &= PC_2 \tilde{e}_1 + QC_2^* \tilde{e}_2 + \tilde{w}_2
\end{aligned}
\qquad (8-9)
$$

式中：$\tilde{y}_0 = (Y_0[0], \cdots, Y_0[K-1])^T$，$\tilde{y}_1 = (Y_1[0], \cdots, Y_1[K-1])^T$，$\tilde{y}_2 = (Y_2[0], \cdots, Y_2[K-1])^T$，$\tilde{e}_1 = [1, e^{j\tau\Delta f/f_0}, \cdots, e^{j\tau\Delta f(K-1)/f_0}]^T$，$\tilde{e}_2 = [1, e^{-j\tau(2f_0+\Delta f)/f_0}, \cdots, e^{-j\tau(2f_0+\Delta f)(K-1)/f_0}]^T$，$\tilde{e}_1$、$\tilde{e}_2$ 中的相量与均匀线性阵列的导向矢量相同；$\tilde{w}_0$、$\tilde{w}_1$ 和 $\tilde{w}_2$ 为有色高斯噪声序列，其均值为 0，K 阶协方差矩阵为 R，k 行 l 列元素为

$$[R]_{k,l} = \frac{2\delta^2}{3N^2} \begin{cases} N-|k-l|, & -N \leqslant k-l \leqslant N \\ 0, & \text{其他} \end{cases} \qquad (8-10)$$

由于协方差矩阵已知，式（8-9）左乘 $R^{-1/2}$ 可进行预白化处理，白化处理后的三序相量测量模型为

$$
\begin{aligned}
y_0 &= R^{-1/2}\tilde{y}_0 = PC_0 e_1 + QC_0^* e_2 + w_0, \\
y_1 &= R^{-1/2}\tilde{y}_1 = PC_1 e_1 + QC_2^* e_2 + w_1, \\
y_2 &= R^{-1/2}\tilde{y}_2 = PC_2 e_1 + QC_1^* e_2 + w_2
\end{aligned}
\qquad (8-11)
$$

式中：$e_m = R^{-(1/2)}\tilde{e}_m$，$m = 1, 2$；$w_0$、$w_1$、$w_2$ 为经白化处理后的噪声相量，$w_0 = R^{-1/2}\tilde{w}_0$，$w_1 = R^{-1/2}\tilde{w}_1$，$w_2 = R^{-1/2}\tilde{w}_2$，其协方差矩阵为 K 阶单位矩阵 I_K。

8.1.2 三相平衡系统测量模型

当配电网三相平衡时，三相电压幅值相等，相位互差 $2\pi/3$，即 $Y_a = Y_b = Y_c$，$\varphi_a =$

$\varphi_b + (2\pi/3) = \varphi_c - (2\pi/3)$，此时 μPMU 输出的只有正序分量，即 $C_0 = C_2 = 0$，将以上关系代入（8-11）得到三相平衡系统的三序相量测量模型

$$y_0 = w_0, y_1 = PC_1 e_1 + w_1, y_2 = QC_1^* e_2 + w_2 \qquad (8-12)$$

由式（8-12）可见，在配电网三相平衡系统中，当系统信号含噪声干扰时，此时零序相量是一个噪声序列，正序和负序仍为正弦信号。

对于系统频率为 f_0 的纯正弦信号，即频率偏差 $\Delta f = 0$，在式（8-5）中运用洛必达法则可以得到：$\lim_{\Delta f \to 0} P = 1$，$\lim_{\Delta f \to 0} Q = 0$，$\tilde{e}_1 = 1_K$。将上述关系代入式（8-11）中可以得到额定频率下 μPMU 的三序相量测量模型

$$y_0 = C_0 R^{-1/2} 1_K + w_0, y_1 = C_1 R^{-1/2} 1_K + w_1, y_2 = C_2 R^{-1/2} 1_K + w_2 \qquad (8-13)$$

当系统在额定频率下运行，且为三相平衡系统时，将 $C_0 = C_2 = 0$ 代入式（8-13）可以得到此时的三序相量测量模型

$$y_0 = w_0, y_1 = C_1 R^{-1/2} 1_K + w_1, y_2 = w_2 \qquad (8-14)$$

对比以上几种模型，当系统在额定频率下运行时，只利用正序相量 y_1 无法对不平衡系统相量进行准确测量。因此，为了同时能对三相平衡和不平衡系统进行准确的相量测量，配电网 μPMU 还必须引入零序和负序分量的测量。下节在三序相量测量模型式（8-11）的基础上提出了一种配电网 CML 法基准相相量和系统频率测量的最大似然估计法。

8.2 最大似然估计法

将基准相的三序相量和系统频率偏差作为待测量，即 $x = [C_0, C_1, C_2, \Delta f]$，$f(y_0, y_1, y_2; x)$ 为与 x 相关的概率密度函数，由式（8-11）可得拉格朗日函数 $L(x)$

$$L(x) = \log f(y_0, y_1, y_2; x) = 3K \log \pi - \| y_0 - PC_0 e_1 - QC_0^* e_2 \|^2 - \qquad (8-15)$$
$$\| y_1 - PC_1 e_1 - QC_2^* e_2 \|^2 - \| y_2 - PC_2 e_1 - QC_1^* e_2 \|^2$$

根据平衡和不平衡系统的不同特点，结合上节的测量模型，利用最大似然估计法可以对 CML 法基准相的相量和系统频率偏差进行估计。

8.2.1 三相不平衡系统下基准相的 ML 估计

在三相不平衡系统中，x 的最大似然估计值为

$$\hat{x} = \arg\max_x L(x) \tag{8-16}$$

将拉格朗日函数最大化得

$$Q_0 = L(x) - \mu_0^2(\mid C_2 \mid^2 - r^2) \tag{8-17}$$

式中：μ_0^2 为系统的 KKT 乘子；r 为不平衡度[64]。当 Δf 为定值时，三序相量的 ML 计值为

$$\hat{C}_0 = [s_0 - k_2(\hat{C}_0)^*]/k_1,$$

$$\hat{C}_1 = [s_1 - k_2(\hat{C}_2)^*]/k_1, \tag{8-18}$$

$$\hat{C}_2 = [s_2 - k_2(\hat{C}_1)^*]/(k_1 + \mu_0^2)$$

式中：$s_0 = P^* e_1^H y_0 + Q y_0^H e_2$；$s_1 = P^* e_1^H y_1 + Q y_2^H e_2$；$s_2 = P^* e_1^H y_2 + Q y_1^H e_2$；$k_1 = \mid P \mid^2 e_1^H e_1 + \mid Q \mid^2 e_2^H e_2$；$k_2 = 2P^* Q e_1^H e_2$。式（5-18）经变换可以进一步表示为

$$\hat{C}_0 = (k_1 + \mu_0^2)s_0 - k_2 s_0^* / (k_1 + \mu_0^2)k_1 - \mid k_2 \mid^2,$$

$$\hat{C}_1 = (k_1 + \mu_0^2)s_1 - k_2 s_2^* / (k_1 + \mu_0^2)k_1 - \mid k_2 \mid^2, \tag{8-19}$$

$$\hat{C}_2 = k_1 s_2 - k_2 s_1^* / (k_1 + \mu_0^2)k_1 - \mid k_2 \mid^2$$

KKT 乘子的表达式为

$$\mu_0^2 = \begin{cases} 0 & , \mid \hat{C}_2^{(h)} \mid^2 \leqslant r^2 \\ \dfrac{k}{r}[\mid \hat{C}_2^{(h)} \mid - r] , & \text{其他} \end{cases} \tag{8-20}$$

$$\hat{C}_2^{(h)} = (k_1 s_2 - k_2 s_1^*)/(k_1^2 - \mid k_2 \mid^2) \tag{8-21}$$

8.2.2　三相平衡系统下基准相的 ML 估计

在三相平衡系统中，待测量 x 的条件最大似然估计值为

$$\hat{x}^{(b)} = \arg\max_x L(x) \tag{8-22}$$

当 Δf 为定值时，对式（8-15）求导，并令导数为零可以得到 ML 在三相平衡系统下的三序相量估计表达式

$$\hat{C}_0^{(b)} = \{s_0 - k_2[\hat{C}_0^{(b)}]^*\}/k_1,$$

$$\hat{C}_1^{(b)} = \{s_1 - k_2[\hat{C}_2^{(b)}]^*\}/k_1, \tag{8-23}$$

$$\hat{C}_2^{(b)} = \{s_2 - k_2[\hat{C}_1^{(b)}]^*\}/k_1$$

将 s_0、s_1、s_2、k_1 及 k_2 代入式（5-23）可得

$$\hat{C}_0^{(b)} = (k_1 s_0 - k_2 s_0^*)/(k_1^2 - |k_2|^2),$$

$$\hat{C}_1^{(b)} = (k_1 s_1 - k_2 s_2^*)/(k_1^2 - |k_2|^2), \qquad (8-24)$$

$$\hat{C}_2^{(b)} = (k_1 s_2 - k_2 s_1^*)/(k_1^2 - |k_2|^2)$$

通过对三相平衡和不平衡系统的正序、负序和零序相量的求解，将三序相量叠加就可以精确的估计出基准相的相量值。

8.2.3 系统频率偏差估计

当系统频率偏差 Δf 未知时，将式（8-19）、式（8-26）所得的 $\hat{C}_0^{(i)}$、$\hat{C}_1^{(i)}$、$\hat{C}_2^{(i)}$ 代入式（8-15），此时，最大似然估计函数则为与 Δf 相关的函数

$$L(x) = 3K\log\pi - \|y_0\|^2 - \|y_1\|^2 - \|y_2\|^2 + k_1[|\hat{C}_0^{(i)}|^2$$
$$+ |\hat{C}_1^{(i)}|^2 + |\hat{C}_2^{(i)}|^2] + \mathrm{Real}\{k_2^*[\hat{C}_0^{(i)2} + 2\hat{C}_1^{(i)}\hat{C}_2^{(i)}]\} \qquad (8-25)$$

式中：i 代表平衡（$i = b$）和不平衡系统两种状态，由式（5-24）可以得到 Δf 的最大似然估计值表达式

$$\Delta\hat{f} = \arg\max_{\Delta f}\{k_1[|\hat{C}_0^{(i)}|^2 + |\hat{C}_1^{(i)}|^2 + |\hat{C}_2^{(i)}|^2]$$
$$+ \mathrm{Real}[k_2^*(\hat{C}_0^{(i)2} + 2\hat{C}_1^{(i)}\hat{C}_2^{(i)})]\} \qquad (8-26)$$

8.3 ML 的性能仿真分析

仿真中，采样频率为 1600Hz，即额定频率下每周波采样点 $N = 32$，频域样本数 $K = 10$。通过 5000 个蒙特卡罗模拟结果来测试本文算法的性能。测试中信号的频率偏差 $\Delta f = 2.5$Hz，SNR 的表达式为 $SNR = (U_A^2 + U_B^2 + U_C^2)/\delta^2$，电压幅值 $U_a = 1$ 标幺值，$U_c = \beta U_a$ 标幺值；相位 $\varphi_a = \pi/4$，$\varphi_c = \varphi_a + 2/3\pi + \varepsilon$。当系统近似平衡时，令 $U_b = 1.03U_a$，$\varphi_b = \varphi_a - 2/3\pi - (3/100)\pi$，$\beta = 1$，$\varepsilon = 0$；当 $\beta > 1.03$、$|\varepsilon| > (3/100)\pi$ 时模拟电压幅值和相位的不平衡，其不平衡度的取值为 $r = 0.03$。通过 Matlab 对 ML 的估计性能进行分析，用 MSE 作为衡量估计性能的标准。

利用式（8-19）、式（8-26）分别计算平衡和不平衡系统三序相量估计值的 MSE。由图 8-1 可见，不平衡系统三序相量的 MSE 要低于平衡系统的三序相量 MSE，

但两者都较小，说明估计精度都很高。平衡系统正序、负序相量的 MSE 值为近似 0 的常数，符合其相量值为 0 的特点，说明基准相测量的 ML 法有着良好的估计性能，特别是对于不平衡系统。

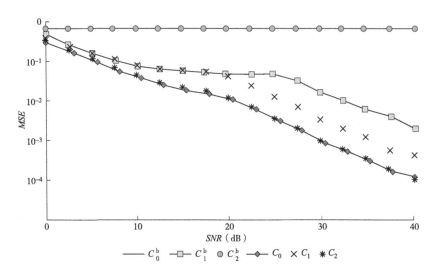

图 8-1　当 Δf =2.5Hz 时，不平衡系统和平衡系统三序相量的 MSE 值

将 ML 法得到的归一化频率偏差 $\tau\Delta f/f_0$ 的 MSE 值与加权最小二乘法（WLS）中的频率估计法得到的 MSE 值进行比较，结果如图 8-2 所示。蓝色曲线代表 ML 法，绿色代表曲线 WLS 法，红色曲线代表频率测量方法。由图 8-2 可见，当 SNR 小于 20dB 时，ML 法与 WLS 法的 MSE 值很接近，而当 SNR 大于 20dB 时，ML 法频率偏差的 MSE 值要低于 WLS 法。三种方法中 ML 的 MSE 值始终最小，可见 ML 法的频偏估计精度也较高。

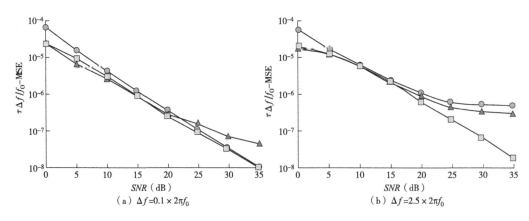

图 8-2　当 Δf 分别为 0.1×2πf_0、2.5×2πf_0 时，归一化频率偏差 $\tau\Delta f/f_0$ 的 MSE 值

8.4 基准相优化后的 CML 法性能仿真分析

将本章 ML 法求得的相量作为第四章基于 CML 法的配电网同步相量测量算法的基准相，结合国内外同步相量测量标准中的相量性能测试要求，对所研究的基于 CML 的配电网同步相量测量算法进一步研究。研究内容包括 3 个方面：静态性能测试、动态性能测试和响应时间测试。其中，静态测试主要对频偏、谐波及噪声进行测试；动态测试主要对信号幅值、频率及相角发生低频振荡时的调制进行测试；响应时间主要对阶跃性能进行测试。下面从以上角度对基准相优化后的 CML 法的相量和频率估计性能进一步分析。

8.4.1 性能测试标准

目前国内外对配电网的相量测量还没制定相关标准，可以将输电网的量测标准作为参考。尽管其中的 TVE 误差能否完全体现相量估计的总体性能还存有争议，但因其简便直观性在很多文献中得到了采用，其相关的指标已写入 IEEE – 37.118 规范。因此，为了方便与其他文献的算法对比，本节仍然以 TVE 作为相量估计的性能指标，其表达式见式（8 – 34）；以频率误差（frequency error，FE）作为频率性能估计指标

$$FE = | f_{\text{true}} - f_{\text{estimated}} | = | \Delta f_{\text{true}} - \Delta f_{\text{estimated}} | \tag{8-27}$$

其中，TVE、FE 表示的是相量真实值与估计值之间的偏差；$X_r(n)$，$X_i(n)$ 分别为相量真实值的实部和虚部；X_r 和 X_i 分别为相量估计值的实部和虚部。

8.4.2 稳态测试

为了对基准相优化后的 CML 法的稳态性能进行测试，测试中的稳态仿真信号为

$$y(t) = (2\pi ft/f_s + \pi/6) + 0.02\cos(6\pi ft/f_s + \varphi) \tag{8-28}$$
$$+ 0.01\cos(10\pi ft/f_s + \varphi) + 3$$

式中：$f = 50.5\text{Hz}$；f_s 为采样频率，$f_s = 4800\text{Hz}$；φ 为初相角。将优化后的 CML 法与 DFT 法和 WLS 法进行对比，通过频率偏差、幅值和相角偏差及 TVE 误差来对其性能作对比分析。

1. 信号恒定频偏变化测试

为了测试信号频率变化对算法的影响，在式（8 – 28）中只添加基波信号，并给信

号设定恒定的频偏，偏移范围为±5Hz，步长为0.1Hz，每步取200个不同的相角进行测试。三相电压的幅值、相角和TVE误差与频偏的关系分别如图8-3所示。

由图8-3可见，当系统的信号频率在49.5~50.5Hz内变化时，随着信号频偏的增加，由基准相优化后的CML法求得的相量幅值、相角和TVE误差均呈递增趋势。频偏为±5Hz时，本算法的三相电压幅值最大误差为0.005%，相角最大误差为0.025°，相对于国内规范中幅度误差不大于0.2%、相角误差不大于0.2°的精度要求都得到了大幅度提高。

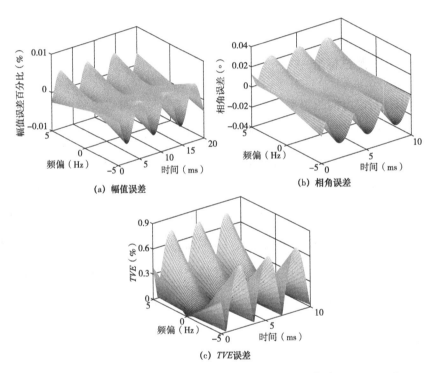

图8-3　恒定频偏变化测试中的三相电压幅值误差、相角和TVE误差

2. 谐波干扰测试

在式（8-28）中加入3、5次谐波以及直流分量作为干扰，谐波幅值分别取4和2。由图8-4可见，当被测信号频偏 $\Delta f = 0.5$ Hz且包含谐波时，由基准相优化后的CML法求得的频率最大误差约为0.0005Hz，说明该方法能对信号频率进行准确跟踪，满足规范中不大于0.002Hz的要求。而WLS法和DFT法的频率最大误差分别约为0.0025、0.005Hz，不能满足要求。因此，基准相优化后的CML法对系统频率的估计具有精度高、抗谐波干扰能力强的特点。

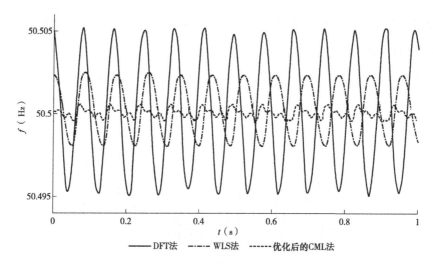

图8-4 谐波干扰下的频率跟踪曲线

有了准确的频率跟踪后，分别利用基准相优化前后的 CML 法、DFT 法和 WLS 法对信号的幅值和相角估计性能进行测试，A 相的测试结果如图 8-5 所示。由图 8-5 可见，在频率偏移且含谐波干扰时，优化后的 CML 法对幅值和相角的估计精度比优化前的 CML 法、WLS 法及 DFT 法都要高。其中，A 相电压幅值的最大误差为 0.14%，相角最大误差为 ±0.08°，均满足标准要求，可见基准相优化后的 CML 法同样具有良好的抗谐波干扰能力。

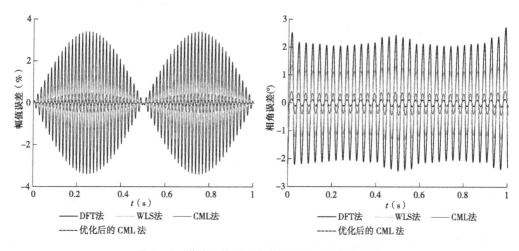

图8-5 谐波干扰下 A 相的幅值误差和相角误差

通过求得的幅值和相角结果对 A 相的 *TVE* 总误差进行计算，其仿真结果如图 8-6 所示。

由图 8-6 中可见，优化后 CML 法的 *TVE* 误差最大值为 0.14%，而 WLS 法与传统 DFT 算法的 *TVE* 最大值则分别达到了 3.6% 和 4.3%，可见优化后的 CML 法在谐波干扰情况下的相量估计的综合性能也优于其他算法。以求得的 A 相电压幅值和相角为基准，按照第 4 章所提方法分别对 B、C 两相的电压和幅值进行估计。

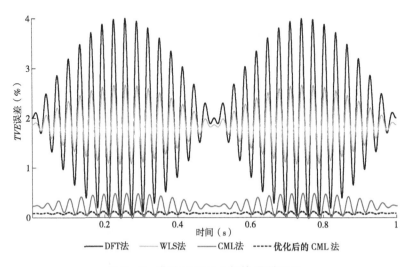

图 8-6 谐波干扰下 A 相的 *TVE* 误差

谐波干扰中，优化前后的 CML 法求得的三相相量各参数的最大测量误差如表 8-1 所示。由表 8-1 可见，基准相优化后的 CML 法对三相电压幅值和相角对的估计值都能满足谐波测试标准的要求，且相对优化前的精度提高了近一个数量级。

表 8-1 谐波测试中 CML 法优化前后的各相测量误差

方法	A 相			B 相			C 相		
	幅值误差（%）	相位误差（%）	TVE 误差（%）	幅值误差（%）	相位误差（%）	TVE 误差（%）	幅值误差（%）	相位误差（%）	TVE 误差（%）
CML 法	0.363	0.390	0.388	0.363	0.390	0.388	0.363	0.390	0.388
优化后的 CML 法	0.064	0.080	0.092	0.072	0.084	0.095	0.071	0.085	0.094
标准	0.2	0.2°	1	0.2	0.2°	1	0.2	0.2°	1

以上仿真测试都是在工频下进行的，当系统频率为非工频时，对频率偏移下的谐波干扰性能再做相似测试。各算法求得的三相相量的最大 *TVE*、*FE* 误差如图 8-7 所示。

由图 8-7 可见,系统即使在非额定频率下,基准相优化后 CML 法的相量和频率的估计误差也都能满足标准要求,估计性能同样得到了提高。

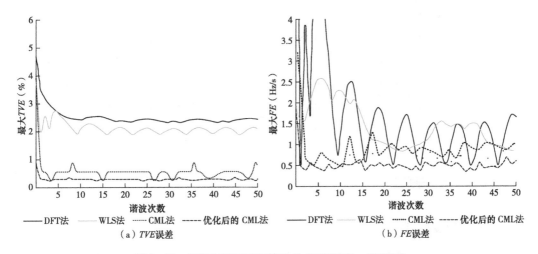

图 8-7 非额定频率下各算法的 TVE 误差、FE 误差

3. 噪声干扰测试

系统在实际运行中由于受外部环境的影响会存在噪声干扰。因此,研究噪声干扰对本文算法计算精度的影响是必要的。同样使得式(8-28)中只包含基波信号,信号频率和采样频率分别为 50.5、1600Hz,然后在测试信号中加入均值为 0 的高斯白噪声干扰,使标准差在每步测试中都发生变化,以产生 10~50dB,步长 5dB 的 SNR。表8-2 给出了不同噪声干扰强度下,A、B、C 三相电压的幅值、相角和频率的最大误差。由表 8-2 可见,随着噪声干扰强度的增加,频率误差逐渐增大,但相量误差尤其是相角误差因受准确频率跟踪的影响,其误差变化量较小。可见优化后的 CML 法具备良好的抗噪声干扰能力,稳定性强。

表 8-2 噪声干扰对测试结果的影响

SNR(dB)	A 相		B 相		C 相		频率最大误差(Hz)
	幅值最大误差(%)	相角最大误差(°)	幅值最大误差(%)	相角最大误差(°)	幅值最大误差(%)	相角最大误差(°)	
10	0.159	0.077	0.166	0.083	0.165	0.083	2.014×10^{-3}
15	0.151	0.074	0.162	0.080	0.163	0.081	9.275×10^{-4}
20	0.146	0.072	0.157	0.079	0.159	0.078	5.013×10^{-4}
25	0.141	0.072	0.154	0.077	0.154	0.077	2.709×10^{-4}

续表

SNR (dB)	A 相		B 相		C 相		频率最大误差（Hz）
	幅值最大误差（%）	相角最大误差（°）	幅值最大误差（%）	相角最大误差（°）	幅值最大误差（%）	相角最大误差（°）	
30	0.137	0.071	0.151	0.075	0.152	0.074	1.013×10^{-4}
35	0.135	0.071	0.148	0.073	0.148	0.073	7.261×10^{-5}
40	0.135	0.071	0.148	0.073	0.147	0.072	5.433×10^{-5}
45	0.135	0.071	0.148	0.073	0.147	0.072	4.379×10^{-5}
50	0.135	0.071	0.148	0.073	0.147	0.072	3.166×10^{-5}

8.4.3 动态测试

1. 参数突变测试

电网实际运行中受故障等因素影响往往会导致信号幅值、相角和频率发生突变。本节利用信号参数突变来模拟系统的不稳定因素，进一步对算法的抗干扰能力进行测试。为了模拟系统的极端情况，在 0.2425s 时，对式（8-28）信号中的电压幅值、相角和频率作如下突变处理：将电压信号的幅值由 1.0 标幺值变为 0.9 标幺值，初相角由 π/6 变为 0°，系统信号频率由 50Hz 变为 50.5Hz。参数突变过程的仿真测试结果如图 8-8 所示。

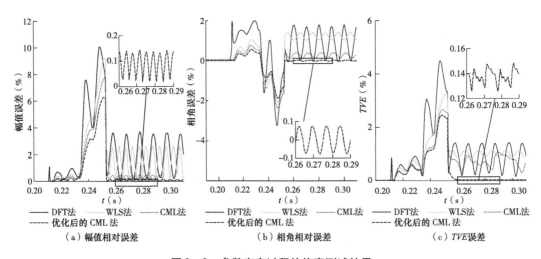

图 8-8　参数突变过程的仿真测试结果

由图 8-8 可见，当系统参数发生突变时，各算法在测试中都会产生短时振荡，且振荡后迅速恢复稳定。但优化后的 CML 法的相量估计精度始终维持较高水平，而 DFT

法与 WLS 法在信号突变后，测量误差明显较大，说明本文算法在系统动态条件下具有收敛迅速、测量结果精确的特点，动态抗干扰能力也得到了提高。

2. 幅值/相位调制测试

测试中的输入信号为

$$y(t) = Y_\mathrm{m}\{1 + k_\mathrm{x}\cos(2\pi ft) \times \cos[2\pi f_0 t + k_\mathrm{a}\cos(2\pi ft - \pi)]\} \qquad (8-29)$$

式中：k_x 和 k_a 分别为幅值调制和相位调制的深度。测试中调制频率 f 从 0.1Hz 变化到 5Hz，步长为 0.1Hz，每步取 200 个样本，测试结果见表 8-3。

由表 8-3 可见，本文算法的误差要优于其他算法，且测量精度能满足标准的要求。由于 FE 与相角估计值相关，因此，相位调制比幅值调制的 FE 误差要大。

表 8-3 幅值和相位调制结果

算法	k_x	K_a	A 相 最大 TVE（%）	B 相 最大 TVE（%）	C 相 最大 TVE（%）	最大 FE （mHz）
DFT 法	0.1	0	0.1134	0.1136	0.1132	28.8
	0	0.1	0.1368	0.1363	0.1365	39.1
	0.1	0.1	0.1488	0.1491	0.1486	46.7
WLS 法	0.1	0	0.0802	0.0799	0.0803	1.9
	0	0.1	0.0995	0.0991	0.0997	20.4
	0.1	0.1	0.1033	0.1031	0.1029	24.1
优化后的 CML 法	0.1	0	0.0022	0.0028	0.0025	0.02
	0	0.1	0.0041	0.0044	0.0043	0.4
	0.1	0.1	0.0084	0.0090	0.0088	0.6
标准	—	—	3	3	3	30

如前所述，本文算法在对基准相量进行估计的同时还能通过三序相量对频率进行估计。当 $k_\mathrm{x} = k_\mathrm{a} = 0.1$，调制频率 $\omega_\mathrm{m} = 4\pi$ rad/s 时，全周期振荡的调制频率估计结果如图 8-9 所示。由图 8-9 可见，本文算法的调制频率最大估计误差小于 0.2%。

3. 频率斜坡测试

在测试信号中加入恒定的频率斜坡

$$y(t) = Y_\mathrm{m}\cos(2\pi f_0 t + \pi R_f t^2) \qquad (8-30)$$

式中：R_f 为斜坡率。$t = 0$ 时，信号频率以 1Hz/s 的变化率由 -45Hz 增加到 55Hz，然后再以 -1Hz/s 的变化率减小到 -45Hz。

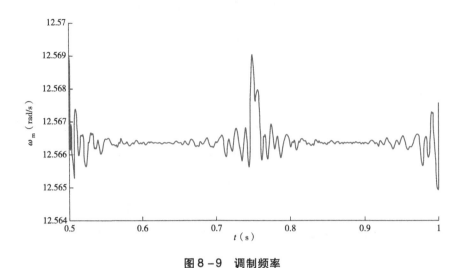

图 8 - 9 调制频率

测试结果表明，最大测量误差与图 8 - 7 中的非额定频率测试结果（恒定频偏）相似。此外，测试中的 TVE 和 FE 误差与非额定频率时的要求相同，除 DFT 法外，各方法在该测试中的结果与非额定频率下的测试结果相似，都能满足标准的要求。当频偏分别为 ±2Hz 和 ±5Hz 时，各算法的测试结果见表 8 - 4。由表 8 - 4 可见，本文算法的参数测量精度最高。

表 8 - 4　频率斜坡测试结果

算法	频偏范围 （Hz）	A 相 最大 TVE（%）	B 相 最大 TVE（%）	C 相 最大 TVE（%）	最大 FE（mHz）
DFT 法	±2	0.1120	0.1128	0.1126	8.9E - 2
	±5	0.2080	0.2084	0.2083	3.42
WLS 法	±2	5.2E - 2	5.7E - 2	5.5E - 2	1.4E - 3
	±5	0.0985	0.0991	0.0989	9.5E - 2
优化后的 CML 法	±2	2.0E - 3	2.4E - 3	2.3E - 3	3.8E - 5
	±5	2.7E - 2	3.0E - 2	2.9E - 2	7.9E - 3
标准	±2	1	1	1	10
	±5	1	1	1	10

4. 幅值/相位阶跃响应测试

幅值/相位的阶跃响应的测试信号为

$$y(t) = Y_m [1 + k_x f_1(t)] \times \cos[2\pi f_0 t + k_a f_1(t)] \qquad (8-31)$$

式中：$f_1(t)$ 为单位阶跃函数；k_x、k_a 分别为幅值和相角阶跃函数的深度。

测试中令 $k_x = k_a = 0.1$，当信号幅值发生阶跃响应时，各算法求得的 A 相电压幅值和 TVE 误差如图 8-10 所示；当信号相位发生阶跃响应时，各算法求得的 A 相电压相角及 TVE 误差如图 8-11 所示。由图 8-10 和图 8-11 可见，基准相优化后的 CML 法的阶跃响应性要优于传统 DFT 法和 WLS 法，且幅值和相位阶跃响应的最大 TVE 值明显较低，分别为 0.91%，0.83%。

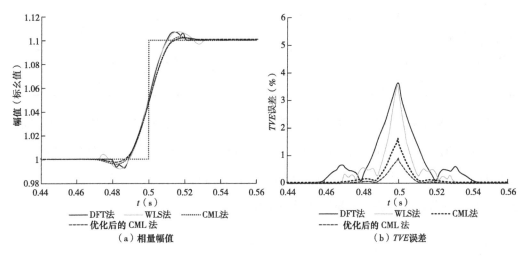

图 8-10 幅度阶跃变化中的相量幅值及 TVE 误差

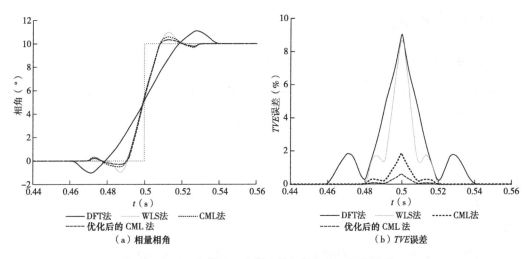

图 8-11 相位阶跃变化中的相量相角、TVE 误差

利用 CML 法对 B 相和 C 相的相量进行估计，则幅值/相位阶跃响应时各算法求解的三相电压 TVE 和系统 FE 响应时间（Rt）见表 8-5。

表 8 − 5   阶跃变化测试结果

算法	k_x	k_a	A 相 TVE Rt（ms）	B 相 TVE Rt（ms）	C 相 TVE Rt（ms）	FE Rt （ms）	最大 O/U.S （%）
DFT 法	0.1	0	41.6	42.7	43.1	93.1	7
	0	0.1	68.5	68.9	69.2	96.4	9
WLS 法	0.1	0	17.6	18.1	18.8	78.7	4
	0	0.1	33.9	34.4	35.0	79.6	8
CML 法	0.1	0	16.4	16.9	17.3	67.9	3
	0	0.1	21.7	22.3	22.9	70.1	5
优化后的 CML 法	0.1	0	13.5	13.7	14.1	60.5	2
	0	0.1	18.4	18.7	19.0	64.3	4
标准	—	—	40	40	40	90	5

由表 8 − 5 可见，优化后的 CML 法能满足最大过冲/下冲标准（O/U.S）的要求，且 TVE 响应时间最短。由图 8 − 10 和图 8 − 11 可见，由于相位阶跃响应比幅值阶跃响应的 TVE 误差要大，所以 TVE 响应时间要长。由此可见，对于阶跃信号优化后的 CML 法具有良好的阶跃响性能，且参数测量精度较高。

8.5　实验及算例分析

8.5.1　实验分析

配电网中配置 μPMU 的各个变电站需要经过电压互感器、电流互感器将大电压、电流信号转换为小电压信号，然后由 μPMU 对信号进行采样处理。目前国内配电网还没有配置 μPMU，权威的现场数据无法获得，本节只能将实验室之前研制的配电网 μPMU 与故障录波装置的测量数据与本文算法和测量信号的真实值三者进行对比。

测试中在如图 8 − 12 所示的 220V 配电网等效系统中发生 c 相单相接地故障，故障时刻发生在 42.5ms 处。

在实验室的电气试验台上模拟上述单相接地故障，如图 8 − 13 所示。

图 8 − 14 为测量数据导入 Matlab 所绘制的 c 相电压和频率波形图。

由图 8 − 14 可见，本文算法相比之前研制的配电网微型 PMU 与故障录波装置的电压和频率测量精度都得到了一定提高。

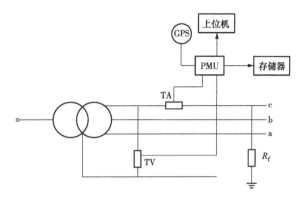

图 8 - 12　单相接地故障测试系统

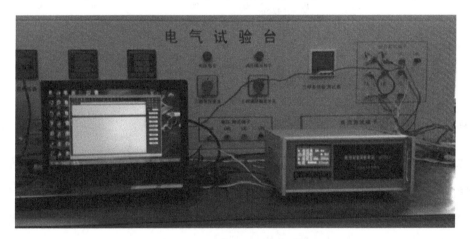

图 8 - 13　单相接地故障模拟实验

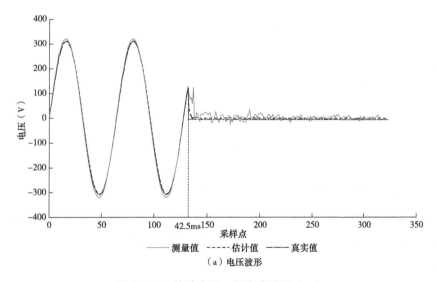

—— 测量值　- - - - 估计值　- - - - - 真实值

（a）电压波形

图 8 - 14　故障电压、频率波形图（一）

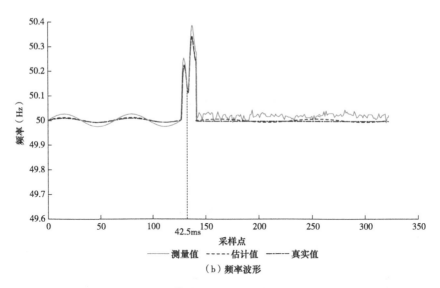

图 8 – 14　故障电压、频率波形图（二）

8.5.2　算例分析

为了进一步验证本文算法在配电网中对三相相量的估计性能，本节采用 33 节点配电网系统对所提出的基于条件最大似然估计的配电网相量估计算法进行算例验证分析，通过 Matlab 环境编程来实现对该过程的求解，将本文算法得到的 33 节点的三相电压相量估计值与实际值进行比较，所采用的 33 节点配电网系统如图 8 – 15 所示。

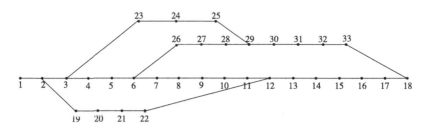

图 8 – 15　33 节点配电网系统图

各节点的实际电压幅值和相角如表 8 – 6 所示。

利用优化后的 CML 法对 33 节点配电网系统各节点三相电压的幅值和相角进行估计，并与表 8 – 6 中的数据进行比较，将数据导入 Matlab 后的绘制结果如图 8 – 16 和图 8 – 17 所示。

由图 8 – 16 和图 8 – 17 可见，优化后的 CML 法对各节点三相电压幅值和相角的估

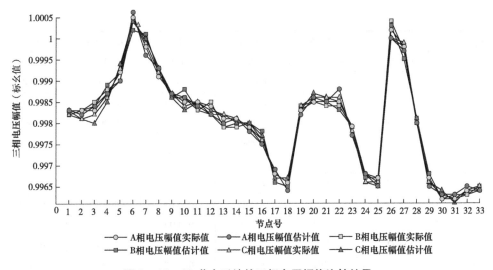

图 8-16　33 节点系统的三相电压幅值比较结果

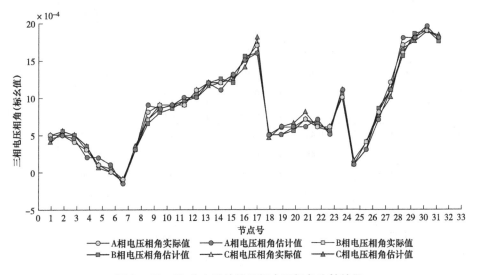

图 8-17　33 节点系统的三相电压相角比较结果

计值与实际值偏差并不大，基本上达到了配电网对相量测量精度的要求，进一步说明了该算法对配电网相量估计性能的优越性。

表 8-6　33 节点配电网三相电压参数表

节点号	A 相电压	A 相相角	B 相电压	B 相相角	C 相电压	C 相相角
1	0.9983	0.0005	0.9983	0.0005	0.9982	0.0005
2	0.9983	0.0005	0.9983	0.0005	0.9981	0.0005
3	0.9983	0.0004	0.9985	0.0005	0.9982	0.0005
4	0.9987	0.0003	0.9988	0.0003	0.9986	0.0003

节点号	A 相电压	A 相相角	B 相电压	B 相相角	C 相电压	C 相相角
5	0.9992	0.0001	0.9990	0.0001	0.9993	0.0001
6	1.0005	0.0000	1.0004	0.0000	1.0005	0.0000
7	0.9998	-0.0001	1.0000	-0.0001	0.9999	-0.0001
8	0.9991	0.0003	0.9993	0.0003	0.9992	0.0003
9	0.9987	0.0008	0.9986	0.0007	0.9987	0.0007
10	0.9985	0.0009	0.9986	0.0009	0.9984	0.0009
11	0.9985	0.0009	0.9983	0.0009	0.9985	0.0009
12	0.9984	0.0009	0.9985	0.0009	0.9982	0.0009
13	0.9981	0.0011	0.9979	0.0011	0.9982	0.0011
14	0.9981	0.0012	0.9979	0.0012	0.9981	0.0012
15	0.9979	0.0012	0.9980	0.0012	0.9979	0.0012
16	0.9975	0.0013	0.9976	0.0013	0.9976	0.0013
17	0.9968	0.0015	0.9968	0.0015	0.9968	0.0015
18	0.9966	0.0017	0.9966	0.0017	0.9966	0.0017
19	0.9983	0.0005	0.9984	0.0005	0.9984	0.0005
20	0.9985	0.0006	0.9985	0.0006	0.9986	0.0006
21	0.9985	0.0006	0.9984	0.0006	0.9986	0.0006
22	0.9985	0.0007	0.9984	0.0007	0.9986	0.0007
23	0.9979	0.0006	0.9979	0.0006	0.9978	0.0006
24	0.9968	0.0006	0.9968	0.0006	0.9966	0.0006
25	0.9967	0.0010	0.9966	0.0010	0.9966	0.0010
26	1.0002	0.0001	1.0004	0.0001	1.0000	0.0001
27	0.9998	0.0003	0.9997	0.0004	0.9999	0.0004
28	0.9980	0.0008	0.9980	0.0008	0.9980	0.0008
29	0.9967	0.0012	0.9966	0.0011	0.9966	0.0011
30	0.9962	0.0017	0.9963	0.0016	0.9963	0.0016
31	0.9962	0.0018	0.9962	0.0018	0.9962	0.0018
32	0.9964	0.0019	0.9963	0.0019	0.9964	0.0019
33	0.9964	0.0018	0.9964	0.0018	0.9964	0.0018

8.6　本章小结

　　针对配电网三相不平衡突出的特点，提出一种适合 CML 法基准相求解的最大似然估计算法。该法首先在建立的三序相量测量模型的基础上，将频率偏差和三序相量作为状态量，利用最大似然估计求解系统的频率偏差和三序相量，然后通过三序相量精确的估计出基准相，最后再利用 CML 法对其他两相的相量进行估计。利用 Matlab 进行仿真测试，通过 MSE 法验证了 ML 法的估计性能，将 ML 法与传统 DFT 法和 WLS 法分别进行稳态及动态仿真测试，测试中兼顾响应时间、实时性及测量精度，对仿真结果进行了比较，并在实验室中与之前装置的相量和频率测量结果作对比，通过 33 节点的配电系统进行算例分析，结果表明：优化后的 CML 法具有抗干扰能力强，相量测量精度高，能准确跟踪频率变化等特点，对所研制的配电网微型 PMU 与故障录波装置的改进具有重要意义。

后　记

　　配电网与电力用户息息相关，快速准确的故障定位对保证电网的安全运行、提高系统供电可靠性具有重要作用。但是由于配电网具有网络结构复杂、分支较多和观测点少等特征，实现多分支配电网的准确故障定位便尤为困难。虽然现阶段国内外学者提出了很多配电网故障定位方法，但是对于多分支辐射状配电网的故障定位问题仍难以解决。为此，本书深入研究了 μPMU 原理和现有配电网故障定位原理，在辐射状配电网两端配置 μPMU 进行数据采集的基础上，提出了一种基于 μPMU 量测数据的配电网故障定位策略，主要完成了以下工作。

　　（1）提出基于 μPMU 量测数据的配电网故障辨识方法对故障进行定位。先利用监测点 μPMU 测得的阻抗变化判断故障区域，再应用 μPMU 故障录波数据进行故障类型辨识。所提方法可以准确地辨识各种故障类型，且不受故障位置和过渡电阻等因素的影响，并能将各种类型故障发生的可能性以概率的形式给出，为下一步的精确故障定位奠定了基础。

　　（2）针对多分支辐射状配电网的故障难以定位问题，提出了基于 μPMU 量测数据的配电网故障定位方法。该方法通过对 3 个距离参数 N、M、D 的计算和比较，可以有效判断故障发生在主干线路还是分支线路上，并能精确定位。通过 OPENDSS 仿真验证，所提方法在不同故障位置、不同大小的过渡电阻和不同故障类型的情况下均能较精确地定位，具有一定的经济性和实用性，可以为配电网故障检修提供支持，提高电力系统供电的可靠性。

　　本书是在理想环境中进行的仿真实验，缺少现场数据的支持，所提故障定位方法还需在实际配电网故障定位中进行验证、改进。

　　本书针对配电网同步相量测量技术研究和发展不足的现状，提出了一种考虑配电网三相不平衡严重的配电网 μPMU 的同步相量测量算法，并通过算例进行了验证，主要完成了以下工作。

（1）研究了配电网和输电网的网络结构特点，总结分析了常规输电网 PMU 高成本，安装维护困难等弊端，对现有相量测量算法不能满足配电网 μPMU 高精度要求的现状进行了分析。

（2）针对配电网三相不平衡问题突出的特点对配电网同步相量测量算法的精度问题做了深入研究，并分析了时钟性能、授时偏差及信号频偏对相量测量精度影响。

（3）结合配电网三相不平衡的特点，提出了一种适合配电网 μPMU 相量测量的条件最大似然估计算法（CML）。通过对基准相选取，由 CML 法对另外两相精确估计，利用均方误差（MSE）验证了算法的估计性能，并通过 Matlab 进行算例仿真，与传统算法在稳态、动态及暂态方面进行测试，验证了本文 CML 法要优于传统算法且能满足测量标准的要求。

（4）对 CML 基准相进行优化，从三相不平衡的角度出发提出一种基准相和系统频率求解的最大似然估计算法（ML），由三序相量分别估计得到基准相相量和系统频率偏差。利用 Matlab 对基准相优化后的 CML 法的稳态和动态性能作了进一步分析，并通过实验与具体算例进行了验证，分析得出：优化后的 CML 法不仅能对系统频率进行精确估计，其抗噪声干扰性及参数突变测试性能都得了提高，且优化后的算法因能对系统频率进行跟踪，其抗谐波干扰性不仅在工频下得到了提高，在非工频下的也有着不错的抗谐波干扰性。

由于受研究时间和个人专业水平的限制，本书还有一些问题需要在接下来的工作中做进一步研究与分析。针对配电网微 μPMU 同步相量测量算法的研究，后续工作可集中在以下几个方面。

（1）本书对配电网 μPMU 同步相量测量算法只是理论研究和仿真测试阶段，虽然本文所提算法在稳态和动态仿真测试下有着良好的运行结果，但由于研究时间的限制，为了进一步验证该算法的性能，接下来需要将本文所提算法嵌入到 μPMU 中，分别在实验室环境和工业环境中进行应用和检测，以进一步修改和调整。

（2）本书所提算法对系统的电压和频率进行了精确估计，为了进一步完善对配电网监测的研究，如基于 μPMU 量测值的配电网故障定位研究，还需要对系统阻抗值进行估计，并通过对估计值、测量值和实际值的比较来分析估计性能。

（3）如何将配电网 μPMU 的同步相量测量数据与输电网 PMU 和 SCADA 系统的数据联系起来，构建完整的大型区域电网监测系统。